清洁生产绿皮书

中国柠檬酸行业清洁生产进展
研究报告

（2013）

环境保护部清洁生产中心
中国生物发酵产业协会 编著

中国环境出版社·北京

图书在版编目(CIP)数据

中国柠檬酸行业清洁生产进展研究报告.2013 ／环境
保护部清洁生产中心，中国生物发酵产业协会编著. —北京：
中国环境出版社，2013.6
（清洁生产绿皮书）
ISBN 978-7-5111-1448-8

Ⅰ.①中… Ⅱ.①环…②中… Ⅲ.①柠檬酸—化学
工业—无污染工业—研究报告—中国 Ⅳ.①TQ921

中国版本图书馆 CIP 数据核字（2013）第 100957 号

出 版 人	王新程	
责任编辑	孔 锦	徐 曼
助理编辑	李雅思	
责任校对	唐丽虹	
封面设计	彭 杉	

出版发行 中国环境出版社
（100062 北京市东城区广渠门内大街 16 号）
网 址：http://www.cesp.com.cn
电子邮箱：bjgl@cesp.com.cn
联系电话：010-67112765（编辑管理部）
010-67187041（学术著作图书出版中心）

印 刷	北京市联华印刷厂	
经 销	各地新华书店	
版 次	2013 年 6 月第 1 版	
印 次	2013 年 6 月第 1 次印刷	
开 本	787×960 1/16	
印 张	9.5	
字 数	170 千字	
定 价	48.00 元	

《中国柠檬酸行业清洁生产进展研究报告（2013）》

编写委员会

主　　编：白艳英　冯志合

编写人员：卢　涛　宋丹娜　庆怀韬　朱　凯　周　奇

　　　　　朱洪利　马　妍　尹　洁　周长波　潘泠轩

　　　　　王　璠　李旭华　吴　昊　袁　殷　党春阁

　　　　　方　刚

序

改革开放 30 多年来，我国经济快速发展，成就非常可观，但是同时也付出了沉重的资源、环境代价。水资源、耕地资源和矿产资源短缺以及利用效率低的问题，成为制约我国经济安全和长远发展的瓶颈问题，我国每万元工业增加值用水量为发达国家的 3 倍，工业用水重复利用率约为发达国家的 60%；单位产值的污染物排放强度居高不下，全国主要污染物排放总量仍处于较高水平，远远超出环境承载能力，环境形势依然严峻。国家《"十二五"节能减排综合性工作方案》明确要求全面推行清洁生产，从源头和全过程控制污染物的产生和排放。党的十八大报告提出要树立绿色、低碳发展的理念，把建设资源节约型、环境友好型社会作为加快转变经济发展方式的重要着力点，大力推进生态文明建设。

清洁生产从其理念提出到实践在我国经过了创新性探索，体现出了极具生命力的内涵。清洁生产着眼于污染预防和源头控制，全面地考虑研发设计、生产过程控制、回收利用、企业管理以及产品服务等各个环节产品生命周期过程对环境的影响，减少污染物的产生或零排放，最大限度地减少原料和能源的消耗，提高资源和能源的有效利用，是从根本上控制能耗、物耗和污染物产生的措施。如果说末端治理是治标，以治病为主，清洁生产则是治本，重在强体健身，是从源头上治理。在企业层面上，清洁生产则是环境保护少有的具有效益驱动机制的污染治理抓手。通过实施清洁生产、利用新技术的研发和落后技术的改造，可以显著提高资源利用率，大幅度减少污染物的产生，并提高企业经济效益，通过效益激励的机制，促进企业主动地减少污染产生和排放。既能实现工业污染物达标排放和总量控制的目标，还可以增加企业经济效益、提高企业竞争力。因此，通过推行清洁生产，可以最大限度地提高资源能源利用效率，减少污染物排放，缓解资源环境的压力，是加快转变经济发展方式的重要推手，符合我国大力推进生态文明建设的战略需求。

我国柠檬酸产业始于 20 世纪 50 年代，起步较晚，但发展速度很快。改革开放后，尤其是 20 世纪 90 年代以后，我国研制成功了以玉米湿粉浆为原料的生产新工艺，使柠檬酸产量得以大幅度提高，行业规模不断扩大，年生产能力已超过 20 万 t，成为世界柠檬酸产量及出口第一大国。但是与行业快速发展相伴生的高耗能、排污量大等也是几年前一直困扰柠檬酸生产企业发展的"老大难"问题，制约着行业的发展。"十一五"期间，国家对柠檬酸行业的政策导向和倒逼机制促使企业加大了在环保方面的投入，柠檬酸行业污染物排放标准提升、国家三部委联合发布"禁止未达到标准的柠檬酸企业生产、出口"、开展柠檬酸行业环保核查以及清洁生产审核等举措促使柠檬酸行业发生了根本性的变化，产业结构趋于合理，行业集约化程度不断提高，生产技术水平及自动化程度有了飞速发展，各项生产工艺参数及消耗指标都得到优化，污染物产生量与排放量也逐年降低，清洁生产水平有了明显提升。

该研究报告作为首份对中国柠檬酸行业节能减排政策、环保相关法律法规进行梳理研究分析的报告，全面分析了国内外柠檬酸生产现状以及资源能源消耗、环境污染等问题，首次披露了柠檬酸行业进展的翔实信息，探讨了柠檬酸行业推行清洁生产的机会和潜力，提出了柠檬酸行业推行清洁生产工作的政策建议。希望通过该份研究报告的出版发行，能够让政府、企业和公众了解柠檬酸行业经过几年产业调整后清洁生产水平的变化和提升，能够促使企业积极主动地推进清洁生产，各级政府对于柠檬酸行业清洁生产技术的示范和推广给予更有力的政策支持。

2013 年 4 月 17 日

前　言

　　柠檬酸是一种重要的有机酸，是无色、无臭、有很强酸味的晶体，易溶于水，主要产品有无水、一水柠檬酸和柠檬酸盐、酯等，主要应用于食品、饮料、医药、化工行业，在电子、纺织、石油、皮革等工业领域也有十分广阔用途。柠檬酸主要以淀粉含量较高的玉米、木薯为原料，通过生物酶技术处理提炼而成。

　　我国柠檬酸产业始于20世纪50年代，起步较晚，但发展速度很快，改革开放后，尤其是20世纪90年代以后，我国研制成功了以玉米湿粉浆为原料的生产新工艺，使柠檬酸产量得以大幅提高，柠檬酸行业得到了快速发展，行业规模不断扩大，已经成为世界柠檬酸产量及出口第一大国，具有出口导向型特点。

　　几年前，高耗能、排污量大等一直是困扰柠檬酸生产企业发展的"老大难"问题，制约着行业的发展。我国轻工业排放的COD约占全国排放总量的65%，其中食品发酵工业占23%，而柠檬酸又是发酵行业的重污染环节。"十一五"期间，国家对柠檬酸行业的政策导向和倒逼机制促使企业加大了在环保方面的投入，柠檬酸行业污染物排放标准提升、国家三部委联合发布"禁止未达到标准的柠檬酸企业生产、出口"、开展柠檬酸行业环保核查以及清洁生产审核等举措促使柠檬酸行业发生了根本性的变化，产业结构趋于合理，行业集约化程度不断提高，生产技术水平及自动化程度有了飞速发展，各项生产工艺参数及消耗指标都得到优化，污染物产生量与排放量也逐年降低，清洁生产水平有了明显提升。

　　为了让政府管理部门、社会相关方了解柠檬酸行业的发展、清洁生产水平及发展潜力，促进柠檬酸行业的中小企业积极开展清洁生产，环保部清洁生产中心组织中国生物发酵产业协会有关专家共同编写了这本《中国柠檬酸行业清洁生产进展研究报告》，希望对关注、关心柠檬酸行业发展的决策者、管理者、学者及行业的同仁提供清洁生产实施的实践指导。

　　本进展研究报告包括六个部分和附录。

　　第一部分简要介绍清洁生产、清洁生产审核的含义及柠檬酸行业开展清洁生产的意义。

第二部分介绍柠檬酸行业国内外现状与发展趋势。

第三部分是对近些年来促使柠檬酸行业发生明显变化的环境保护政策、产业政策、行业清洁生产指导文件的介绍。

第四部分是柠檬酸行业主要生产工艺及产排污状况的介绍。

第五部分是柠檬酸行业清洁生产进展及潜力分析。

第六部分提出了柠檬酸行业清洁生产推进建议。

附录收录了国家各部委出台的有关柠檬酸行业发展的产业政策、环境保护规定及清洁生产推进指导文件。

由于编者学识水平有限，不当之处在所难免，恳请读者批评指正。

《中国柠檬酸行业清洁生产进展研究报告（2013）》
编写委员会
2013 年 2 月

目　录

第1章　清洁生产概述 1

1.1　清洁生产的起源、概念及其内涵 1

1.1.1　清洁生产的起源 1

1.1.2　清洁生产的概念及其内涵 2

1.2　清洁生产与清洁生产审核 3

1.2.1　清洁生产审核是企业推行清洁生产最主要的方法 3

1.2.2　我国清洁生产审核进展 4

1.3　柠檬酸行业推行清洁生产的必要性 5

1.3.1　实施清洁生产是实现柠檬酸行业可持续发展的必要手段 5

1.3.2　开展清洁生产有利于提高企业竞争力 5

1.3.3　推行清洁生产可实现企业经济和环境效益双赢 5

1.3.4　推行清洁生产是提高柠檬酸行业落后企业技术水平的
重要手段 6

1.3.5　推行清洁生产是促进柠檬酸行业污染防治向全过程控制
转变的有效途径 6

第2章　柠檬酸行业国内外现状与发展趋势 7

2.1　全球柠檬酸行业发展总体概况 7

2.1.1　美国柠檬酸产业状况 8

2.1.2　欧洲柠檬酸产业状况 8

2.1.3　全球柠檬酸行业发展趋势 9

2.2　国内柠檬酸行业发展概况 9

2.2.1　柠檬酸行业现状 9

2.2.2　柠檬酸行业能耗、水耗、物耗及污染物排放现状 12

2.2.3　我国柠檬酸行业发展中存在的问题 14

2.2.4　我国柠檬酸行业发展趋势 16

2.3　国内外经济形势对我国柠檬酸行业发展的影响 17

第3章　柠檬酸行业发展环境政策分析 ……………………………………… 19
　　3.1　柠檬酸行业产业政策 ………………………………………………… 19
　　　　3.1.1　加快淘汰柠檬酸行业落后产能 …………………………………… 19
　　　　3.1.2　限制以玉米为原料的产品发展 …………………………………… 20
　　　　3.1.3　大力发展食品与发酵工业节水工艺 ……………………………… 20
　　3.2　环保政策 ……………………………………………………………… 21
　　　　3.2.1　开展柠檬酸企业环保核查 ………………………………………… 21
　　　　3.2.2　提升柠檬酸行业污染物排放标准 ………………………………… 21
　　3.3　柠檬酸行业清洁生产指导性技术文件 ……………………………… 22
　　　　3.3.1　《国家重点行业清洁生产技术导向目录》（第三批）………… 22
　　　　3.3.2　《发酵行业清洁生产评价指标体系》 …………………………… 23
　　　　3.3.3　《发酵行业清洁生产技术推行方案》 …………………………… 25
　　　　3.3.4　《轻工业技术进步与技术改造投资方向（2009—2011）》 ……… 25

第4章　柠檬酸主要生产工艺及产排污分析 ……………………………… 27
　　4.1　柠檬酸行业主要生产过程 …………………………………………… 27
　　4.2　柠檬酸生产工艺污染物产生与处理情况 …………………………… 27
　　　　4.2.1　柠檬酸工艺废水产生及治理 …………………………………… 27
　　　　4.2.2　钙盐法柠檬酸生产工艺废气产生及治理情况 ………………… 31
　　　　4.2.3　钙盐法柠檬酸生产工艺固体废物产生及治理情况 …………… 32

第5章　柠檬酸行业清洁生产进展及潜力分析 …………………………… 33
　　5.1　柠檬酸行业清洁生产进展情况 ……………………………………… 33
　　　　5.1.1　在柠檬酸行业应用的清洁生产技术 …………………………… 33
　　　　5.1.2　柠檬酸行业清洁生产取得的成效 ……………………………… 37
　　　　5.1.3　柠檬酸行业清洁生产存在的问题 ……………………………… 38
　　5.2　柠檬酸行业清洁生产潜力分析 ……………………………………… 39
　　　　5.2.1　柠檬酸行业清洁生产技术 ……………………………………… 39
　　　　5.2.2　柠檬酸行业清洁生产潜力预测 ………………………………… 40

第6章　柠檬酸行业清洁生产推进建议 …………………………………… 42
　　6.1　做好企业清洁生产宣传和培训工作 ………………………………… 42
　　6.2　以清洁生产审核为切入点，有效推进行业清洁生产 ……………… 42

6.3　充分发挥行业协会优势，建立柠檬酸行业清洁生产技术咨询
　　　服务支撑体系 42

6.4　树立企业典范，积极推广清洁生产技术 43

6.5　加大清洁生产专项资金和财政、税收支持力度 43

6.6　加强企业清洁生产制度建设，依法推进企业实施清洁生产 43

附录 1　达到环保要求的柠檬酸（盐）生产企业名单（2 批）................. 44

附录 2　柠檬酸行业典型工艺清洁生产方案汇总表 47

附录 3　柠檬酸行业清洁生产相关技术指导文件 52

附录 4　国家出台的柠檬酸行业政策 86

参考文献 138

第1章 清洁生产概述

1.1 清洁生产的起源、概念及其内涵

1.1.1 清洁生产的起源

工业发展之路伴随着对地球资源的过度消耗和对环境的严重污染。自18世纪中叶工业革命以来,传统的工业化道路主宰了发达国家几百年的工业化进程,它使社会生产力获得了极大的发展,创造了前所未有的巨大物质财富,但是也付出了过量消耗资源和牺牲生态环境的惨重代价。20世纪四五十年代,人们开始从沉痛的代价中觉醒,西方工业国家开始关注环境问题,并进行了大规模的环境治理,环境保护历程也由此拉开序幕。工业化国家的污染防治先后经历了"稀释排放"、"末端治理"、"现场回用"直至"清洁生产"的发展历程,见图1.1。

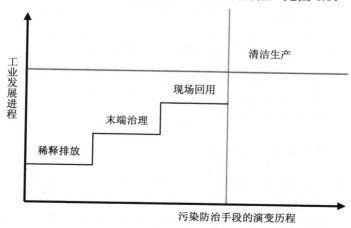

图 1.1 污染防治手段随工业发展的演变历程

工业化进程中最初的污染防治手段是"稀释排放",为了降低排污口浓度,达到国家限制性标准,工业企业采用的对策是先对产生的污染物进行人为"稀释",

然后再直接排放到环境中，这种做法被称为"稀释排放"。随着工业的大规模快速发展，人们很快发现单纯的限制性措施和稀释排放的环境治理手段根本无法遏制工业发展带给全球环境的污染问题，因为这些污染物最终仍要自然界来消纳。于是，从 20 世纪 60 年代开始，各主要发达国家开始通过各种方式和手段对生产过程中已经产生的废物进行处理，控制措施位于企业生产环节的最末端，因此称为"末端治理"，以"末端治理"为主的环境保护战略在其出现后的 30 多年里长期主导着各国的工业污染防治工作。随着工业化进程的不断深入，末端治理的弊端也逐渐体现出来，表现在与企业生产过程相脱节、高额的投资与运行费用、资源利用率低、很难从根本上消除污染等，这就促使一些企业尝试着开始寻找新的解决环境污染问题的途径，开始对企业产生出来的废弃物进行现场回收利用，将废弃物中含有的有用的生产资料直接或者经过简单厂内处理后回用于生产过程，在减少了末端治理设施的处理压力的同时，也减少了原辅材料的投入，在一定程度上节约了企业的生产成本。

工业化国家经过了 30 多年以末端治理为主导的环境保护道路之后，全球环境恶化趋势依然没有得到有效的遏制，全球气候变暖、臭氧层的耗损与破坏、生物多样性锐减、土地荒漠化以及水、大气、土壤等环境介质等严重污染全球性的环境问题逐步凸显出来。这些问题都促使各国尤其是发达的工业化国家开始重新审视走过的污染治理道路。而清洁生产就是各国在反省传统的以末端治理为主的污染控制措施的种种不足后，提出的一种以源头削减为主要特征的环境战略。从源头上削减废弃物的产生，将更多的资源和能源转化为可以给企业带来直接效益的产品，同时减少污染物的产生量和处理量，是解决工业企业环境污染问题的根本之路，即清洁生产之路。清洁生产有效地解决了末端治理等传统的污染防治手段在经济效益和环境效益之间矛盾，实现了两者的有机统一，从而形成了企业内部实施和推广清洁生产的原动力。

1.1.2 清洁生产的概念及其内涵

清洁生产在不同的发展阶段或不同的国家有不同的提法，如"污染预防"、"废弃物最小化"、"源削减"、"无废工艺"等，但其基本内涵是一致的，即对生产过程、产品及服务采用污染预防的战略来提高资源能源利用效率，从而减少污染物的产生。

（1）联合国环境规划署的清洁生产概念及其内涵

联合国环境署 1989 年首次提出清洁生产的定义，并于 1996 年对清洁生产的定义进行了进一步修订如下：

"清洁生产是一种新的创造性思想,该思想将整体预防的环境战略持续应用于生产过程、产品和服务中,以增加生态效率和减少人类及环境的风险。

对生产过程,要求节约原材料和能源,淘汰有毒原材料,削减所有废弃物的数量和毒性。

对产品,要求减少从原材料提炼到产品最终处置的全生命周期的不利影响。

对服务,要求将环境因素纳入设计和所提供的服务中。"

在这个定义中充分体现了清洁生产的三项主要内容,即清洁的原辅材料与能源、清洁的生产过程及清洁的产品与服务。

(2)我国的清洁生产定义及其内涵

我国 2003 年开始实施的《中华人民共和国清洁生产促进法》中,对清洁生产给出了以下定义:"清洁生产,是指不断采取改进设计、使用清洁的能源和原料、采用先进的工艺技术与设备、改善管理、综合利用等措施,从源头削减污染,提高资源利用效率,减少或者避免生产、服务和产品使用过程中污染物的产生和排放,以减轻或者消除对人类健康和环境的危害。"

在这个清洁生产定义中包含了两层含义:①清洁生产的目的。清洁生产的目的是从源头削减污染物的产生量,提高资源利用效率,以减轻或者消除对人类健康和环境的危害。②清洁生产的手段和措施。清洁生产的手段和措施包括"改进设计"、使用"清洁的原料和能源"、采用"先进的工艺技术与设备"、进行"综合利用"和"改善管理"等。除了"改善管理"以外,其他的所有内容都与应用清洁生产技术相关,采用先进的工艺技术即采用清洁生产技术。清洁生产的核心是科学利用资源,提高资源利用效率,让企业采用清洁生产技术改造老装置、建设新装置,使生产可持续地发展,经济发展与环境保护相协调。值得指出的是,在这里,把产生的废弃物的场内回收利用和资源化综合利用归入清洁生产的范畴,而不划归末端治理的范围。

1.2　清洁生产与清洁生产审核

1.2.1　清洁生产审核是企业推行清洁生产最主要的方法

企业可以通过以下几个方面的工作来实施清洁生产:①进行企业清洁生产审核;②开发长期的企业清洁生产战略计划;③对职工进行清洁生产的教育和培训;④进行产品全生命周期分析;⑤进行产品生态设计;⑥研究清洁生产的替代技术。目前不论是发达国家还是发展中国家,清洁生产审核都是推行企业实施清洁生产最主要,也是最具可操作性的方法。

2004 年国家发展和改革委员会、原国家环境保护总局颁布的《清洁生产审核暂行办法》中对清洁生产审核做出如下定义：清洁生产审核，是指按照一定程序，对生产和服务过程进行调查和诊断，找出能耗高、物耗高、污染重的原因，提出减少有毒有害物料的使用、产生，降低能耗、物耗以及废物产生的方案，进而选定技术经济及环境可行的清洁生产方案的过程。目前我国清洁生产审核分为强制性清洁生产审核和自愿性清洁生产审核两种模式。

由此可以看出清洁生产审核是通过分析企业的污染来源、废弃物产生原因及其解决方案的思维方式来寻找尽可能的高效率利用资源，同时减少或消除废物产生和排放的方法，是一种从污染防治的角度对现有工业生产活动中物料走向和转换所实行的分析和评估程序，清洁生产审核的对象是企业。

清洁生产审核的步骤为：第一，查清废弃物产生的部位和数量，通过现场调查和物料衡算，找出废弃物（包括废物和排放物）产生的部位和数量。第二，查明废弃物产生的原因。针对生产过程的各个环节，从原辅材料及能源、技术工艺、设备、过程控制、产品、废弃物、管理、员工素质 8 个方面进行分析，找出原因。第三，提出减少或消除废弃物的对策方案。针对每个废弃物产生的原因，设计相应的清洁生产方案，包括无/低费方案和中/高费方案。方案可以是几个或数个，通过实施这些清洁生产方案，达到消除或减少废弃物产生的目的。

1.2.2 我国清洁生产审核进展

《清洁生产审核暂行办法》（国家发展和改革委员会、国家环境保护总局第 16 号令）颁布实施后，清洁生产审核工作取得了较大进展，清洁生产审核作为实施清洁生产的重要手段，在全国已经全面启动。从源头至整个生产过程找寻清洁生产机会，有针对性地提出技术、经济及环境可行的清洁生产方案的方法学，在众多的企业清洁生产实践中得以实施。我国企业清洁生产审核也由最初的清洁生产审核示范试点发展到强制性清洁生产审核和自愿性清洁生产审核两种模式齐头并进，清洁生产审核范围也由工业行业扩展到了农业、服务业等行业。

我国清洁生产审核实施在实践中进行了创新和完善，根据我国国情建立了自愿性清洁生产审核和重点企业强制性清洁生产审核推进模式。环境保护部自 2005 年起陆续出台了针对重点企业实施强制性清洁生产审核的若干政策措施，制定了《关于印发重点企业清洁生产审核程序的规定的通知》（环发[2005]151 号）《关于进一步加强重点企业清洁生产审核工作的通知》（环发[2008]60 号）《关于深入推进重点企业清洁生产的通知》（环发[2010]54 号）等文件，将清洁生产与污染物减排、重金属污染防治等环境保护重点工作结合起来，建立了促进重点企业清洁生产的政策法规体系，使重点企业清洁生产审核有法可依。截至 2012 年 9 月，共发布了 5 批 17 862 家实施清洁生产审核并通过评估验收的重点企业名单（全国重点企业清洁生产公告），连续 4 年发布全国重点企业清洁生产审核及评估验收情况的年度通报，公布全国各省市清洁生产审核、评估、验收情况及实施效果。

随着重点企业清洁生产审核工作的不断推进，开展清洁生产审核企业数量有了快速增长，2007—2010 年，我国开展的强制性清洁生产审核企业数 9 279 个，资金投入 682.9 亿元，清洁生产审核咨询服务机构约 629 个，清洁生产培训人员总数 23 388 人。共削减 COD 29.4 万 t，SO_2 81 万 t，节水 33.3 亿 t，节电 143.4 亿 kW·h，在污染物削减和节能方面取得了显著的绩效，共取得经济效益 404.4 亿元。

1.3　柠檬酸行业推行清洁生产的必要性

1.3.1　实施清洁生产是实现柠檬酸行业可持续发展的必要手段

近年来，国内柠檬酸行业发展较快，但能耗水耗较高、污染较重依然是行业发展存在的共性问题。针对有机酸行业推行清洁生产，提高柠檬酸行业清洁生产水平，将原来传统的污染物末端治理观念转变为整个发酵提取过程污染控制，是工业生产的一种可持续发展模式，是实现柠檬酸行业可持续发展的必要手段。

1.3.2　开展清洁生产有利于提高企业竞争力

开展清洁生产有利于企业整体素质的提高。清洁生产是一个包括工业生产全过程，涉及企业各部门的系统工程，既有技术问题又有管理问题，它对企业的素质提出了更高的要求。因此，清洁生产并非单纯地削减废物排放和控制工业污染，它能使企业在加强管理、科学地进行物料平衡、改变生产工艺等措施之下产生良好的经济效益和环境效益，在节约资源、降低消耗、提高产品质量和降低成本的效益驱动下有利于企业的科技进步，增强市场竞争能力和发展后劲。

1.3.3　推行清洁生产可实现企业经济和环境效益双赢

企业实施清洁生产，是在生产过程中，从源头解决污染问题，把"三废"变为资源综合利用，大幅度削减了污染物的产生量，减少了企业资源消耗，降低了生产成本和污染物处理的成本。同时，通过实施清洁生产，企业员工清洁生产与环保意识均有所增强，更为关注岗位的成本控制和环境问题造成的不良影响等，可实现企业经济与环境效益双赢。

1.3.4　推行清洁生产是提高柠檬酸行业落后企业技术水平的重要手段

"十一五"期间，在国家相关政策的指导下，柠檬酸行业集约化程度不断提高，行业生产技术水平及自动化程度也得到了提高，各项生产工艺参数及消耗指标都得到了优化，污染物产生量与排放量也在逐年降低，但各柠檬酸生产企业技术水平差距较大，国内先进企业的技术水平处于世界领先地位，部分企业规模小，技术装备水平比较低，生产过程产污量大。现在，能耗、水耗较高、排放量较大仍然是制约柠檬酸行业进一步发展的重要瓶颈，因此在柠檬酸行业内推行清洁生产，提高落后企业的技术水平，对降低柠檬酸行业能耗水耗与污染物产生和排放，实现柠檬酸行业健康稳定发展具有重要意义。

1.3.5　推行清洁生产是促进柠檬酸行业污染防治向全过程控制转变的有效途径

近年来，在国家政策引导下，国内柠檬酸生产企业先后投资建设治污工程，污染物排放达到排放标准要求，但大部分采用的是末端治理技术，不仅投资大、治理费用高，严重束缚了行业自身健康发展，而且废水中有用物质得不到回收利用，造成资源的浪费，不符合国家节约资源、大力推进循环经济的要求。目前柠檬酸行业仍然面临着节能减排和实施清洁生产的巨大挑战，抓好节能减排与清洁生产工作是推进柠檬酸行业在新形势下实现经济结构调整、转变增长方式的重要任务。

第 2 章　柠檬酸行业国内外现状与发展趋势

柠檬酸主要用于食品工业、医药工业、化学工业，并且在电子、纺织、石油、皮革、建筑、摄影、塑料、铸造和陶瓷等工业领域中也有十分广阔的用途。柠檬酸的生产始于 18 世纪 80 年代，最初以从柑橘中提取天然柠檬酸为主。1923 年，美国菲泽公司建造了全球第一家以黑曲霉浅盘发酵法生产柠檬酸的工厂，此后，发酵法制取柠檬酸逐渐取代了从柑橘中提取天然柠檬酸的方法。现阶段柠檬酸是以玉米、木薯等淀粉含量较高的农作物为主要原料的生物发酵产品。

2.1　全球柠檬酸行业发展总体概况

目前全球柠檬酸总生产能力接近 190 万 t/a，总需求为 150 万～160 万 t/a，并以年均 3%～5%的速度递增。全球柠檬酸生产总量中，用于饮料工业柠檬酸使用量约占 50%，其他食品工业占 19%，洗涤剂和肥皂占 15%～17%，医药和化妆品占 7%～9%，其他工业用途占 6%～8%。

自 21 世纪以来，柠檬酸产业的竞争日趋激烈，许多小企业纷纷退出该领域，这使全球柠檬酸的生产和进出口更加集中。目前，柠檬酸生产主要集中在中国、美国和欧洲等国家和地区。中国由于柠檬酸生产工艺技术不断进步，产品质量不断提高，在国际市场上具有很强的竞争力，是柠檬酸主要生产国和出口国。

国外主要的柠檬酸生产商分布在欧美，主要公司有：德国哈尔曼·赖默公司（Tate&Lyle），美国阿彻·丹尼米斯·米德兰公司（Archer Daniels Midl）和卡吉尔公司（Cargill），瑞士君布莱尔公司（Jungbunzlauer）和罗氏公司（Hoffmann LaRoche）等公司，其产量约占世界柠檬酸总产量的 30%，消费市场以欧盟和美国为最大市场，两市场合计消费量占全球总消费量的 60%以上。

近几年受世界经济危机的影响，部分外国企业停产、关闭。2003 年，捷克 Akitva 柠檬酸生产商公司停掉了其在捷克的所有柠檬酸生产设施；2005 年，美国原料药巨头 ADM 公司关闭了其设在爱尔兰的柠檬酸生产厂，该厂年产量达 6 万 t；2006 年初，Solaris 公司关闭了其设在印度的一家柠檬酸厂。英国 Tate & Lyle 公司在墨西哥的一家工厂前不久也关闭。DSM 于 2009 年关闭了其在中国无锡的工厂,并已同意向 Adcuram 集团出售其位于比利时 Tienen 的柠檬酸业务 Citrique Belge。

2.1.1 美国柠檬酸产业状况

美国是全球柠檬酸的主要生产和消费大国，其中约 1/3 依赖进口，美国柠檬酸产品产量约为 30 万 t，市场年需求量 40 多万 t，年消费增长率约为 2%～3%。美国的三大柠檬酸生产商呈三足鼎立之势，其中 ADM（Archer Danid Midlan）为规模最大的生产厂家，该公司建立于 1905 年，年产量为 9 万 t 左右；其次为 Cargill 和 Tate&Lyle，年产量分别为 8 万 t 左右和 6 万 t 左右。由于消费习惯的原因，美国柠檬酸市场需要的主要品种是无水柠檬酸。无水柠檬酸生产高度垄断，且在短时间内不可能大幅度提高产量满足国内需求，必须依靠进口产品补充不足，但自 2008 年下半年开始受到美国对中国柠檬酸产品进行反倾销、反补贴的影响，中国对美国柠檬酸产品出口量骤减，由 2008 年 8 万 t 下降到每年 1 万 t。

柠檬酸在美国的用途非常广泛，最大的最终用途是饮料行业，占总需求量的 45%，如果和用于食品工业的柠檬酸合并计算，共占总需求量的 70%；第二大最终用途是肥皂和洗涤剂行业，该行业的用量达到总产量的 20%，而且其市场发展潜力巨大；另外 10%的产量用于化工和医药行业。

2.1.2 欧洲柠檬酸产业状况

欧洲是除中国以外全球柠檬酸第二大生产地区，柠檬酸产量约为 30 多万 t，柠檬酸生产企业的经济和技术实力比较雄厚，一般都是集技术开发、工业设计和生产一体化的跨国集团企业，相比中国柠檬酸行业，在技术和地理上有很大的领先优势。如 Jungbunzlauer（工厂在奥地利），Roche（工厂在比利时），Cerest（工厂在意大利），ADM Ingrediented（工厂在英国），GADOT Biochemical 和 Bayer 等，这些公司的柠檬酸规模都在年产量 5 万 t 以上。

目前欧洲年消费柠檬酸及柠檬酸盐约 40 多万 t，消费年增长率为 2%～3%，消费领域包括：饮料占总消费量的 40%，食品添加剂占 8%，奶制品（奶酪）占 7%，功能性食品占 6%，医药占 9%，洗涤剂占 11%，工业占 5%，其他占 14%。欧洲主要消费品种无水酸每年消费量在 30 万 t 以上，一水酸每年消费 10 万～12 万 t。由于欧洲生产的一水酸量很少，每年约 2 万 t，所以每年需要进口 8 万～10 万 t 的一水酸，中国是其最大的供货地。

2.1.3　全球柠檬酸行业发展趋势

（1）柠檬酸产地分布趋势

国际市场的产业整合力度很大，由于柠檬酸产品生产工艺复杂，生产链较长、生产步骤较复杂，生产过程中所需人员较多，具有资金、技术和劳动力密集型的特点，不少外国企业受价格与成本方面的压力影响，选择停产、关闭或转移。近年来，东南亚与南美等地柠檬酸行业产能发展较快，占世界产能比重越来越大，发展势头迅猛。中国的柠檬酸生产具有工艺技术和劳动力成本方面上的优势，产量占全球总产量的比重也有增加的趋势，但与东南亚和南美相比发展势头较小。

（2）柠檬酸用途发展趋势

柠檬酸是有机酸中第一大酸，由于物理性能、化学性能、衍生物的性能，广泛应用于食品、医药、日化等行业。近年来随着柠檬酸产业不断发展，其用途也不断开拓，如用于环保产业：柠檬酸-柠檬酸钠缓冲溶液由于其蒸气压低、无毒、化学性质稳定、对 SO_2 吸收率高等原因，是极具开发价值的脱硫吸收剂；用于禽畜生产：在仔猪饲料中添加柠檬酸，可以提早断奶，提高饲料利用率，增加母猪产仔量，在生长育肥猪日粮中添加柠檬酸，可提高日增重，降低料肉比，并改善肉质和胴体特性。随着柠檬酸产业的发展，柠檬酸的用途也将越来越广泛。

（3）柠檬酸需求趋势

柠檬酸是一种广泛应用于食品、医药、日化等行业最重要的食用有机酸。全球柠檬酸的需求量每年以 3%～5%增长，2010 年全世界柠檬酸的总需求量为 150 万～160 万 t。随着柠檬酸用途的不断开拓，柠檬酸需求量也将面临更快的增长。

（4）柠檬酸行业污染防治趋势

随着各国对环境保护的要求越来越严格，柠檬酸生产企业也不断加大对清洁生产与污染物治理的投资，清洁生产与污染物治理技术得到较快发展，柠檬酸能耗水耗大幅度降低，污染物产生与排放也大幅度减少。

2.2　国内柠檬酸行业发展概况

2.2.1　柠檬酸行业现状

我国柠檬酸产业始于 20 世纪 50 年代，起步较晚，但发展速度很快。在起步阶段，年产量仅有几十吨，主要用于食品工业。改革开放后，尤其是 20 世纪 90 年代以后，我国研制成功了以玉米湿粉浆为原料的生产新工艺，使柠檬酸产量得以大幅提高。近年来，随着市场需求的不断增加，我国柠檬酸行业得到了快速发展，行业规模不断扩大，已经成为世界柠檬酸产量及出口第一大国。

（1）产地分布情况

柠檬酸产能的快速扩张加剧了市场竞争，也加快了市场整合，生产迅速向大企业集中。现阶段我国柠檬酸工业的集约化程度已经有了很大提高，企业的数量已经从过去的 100 多家减少到 20 余家，骨干企业的规模年产达 10 万~20 万 t，主要集中在山东、安徽、江苏、湖北、甘肃等地。2010 年我国柠檬酸产地分布情况如图 2.1 所示。

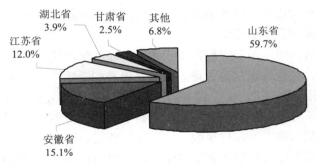

图 2.1 2010 年我国柠檬酸产地分布情况

（2）产量情况

2010 年我国柠檬酸总产量约 98 万 t，其中出口 85.1 万 t，出口量占全国总产量的 86.8%。柠檬酸行业是生产集中度较高的行业，2010 年排名前五位企业产量占全国总产量的 87.7%，较 2009 年上升了 2.63%，行业集中度进一步加强。2010年我国柠檬酸产量及主要产地见表 2.1。

表 2.1 2010 年我国柠檬酸产量及主要产地

序号	地区	产量/万 t	占全国比例/%
1	山东省	58.5	59.7
2	安徽省	14.8	15.1
3	江苏省	11.8	12.0
4	湖北省	3.8	3.9
5	甘肃省	2.4	2.5
6	其他	6.7	6.8
	合计	98.0	—

　　随着技术手段的逐渐提高及国家产业政策的调整,行业集中度将进一步提高,企业生产规模将不断扩大,产量持续增长。2005—2010 年,柠檬酸产品产量实现了较快增长,年均增幅达到 9.64%（见表 2.2）。

表 2.2　2005—2010 年全国柠檬酸产量及增长率

年份	2005	2006	2007	2008	2009	2010
产量/万 t	63	72	89	89	87	98
增长率/%	—	14.3	23.6	0	−2.3	12.6

（3）进出口情况

　　据国家海关统计,2010 年柠檬酸产品总进口量 2 175 t,同比减少 44.02%;进口额 791 万美元,同比减少 24.45%。其中:柠檬酸进口量 788 t,同比增长 66.24%;进口额 249 万美元,同比增长 74.13%。柠檬酸盐进口量 1 387 t,同比减少 59.34%;进口额 542 万美元,同比减少 40.11%。2005—2010 年柠檬酸类产品进口量、进口额趋势如图 2.2 所示。

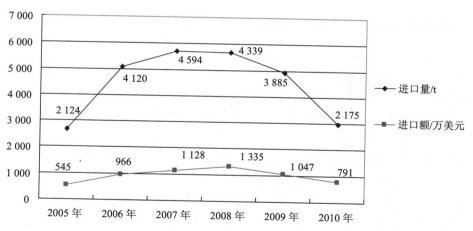

图 2.2　2005—2010 年柠檬酸类产品进口量、进口额趋势

　　根据国家海关统计,2010 年柠檬酸产品出口量为 85.11 万 t,出口额 80 272 万美元。全年出口量较 2009 年上升 11.75%,全年出口额较 2009 年上升 27.06%。其中,柠檬酸出口 73.42 万 t,出口额 68 644 万美元,出口量较 2009 年上升 11.53%,出口额较 2009 年增长 28.10%;柠檬酸盐和酯出口 11.69 万 t,出口额 11 628 万美元,出口量较 2009 年上升 13.17%,出口额较 2009 年上升 21.25%。2005—2010

年柠檬酸类产品出口量、出口额趋势如图 2.3 所示。

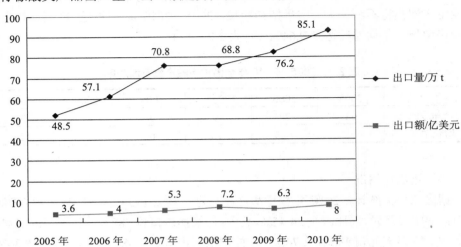

图 2.3 2005—2010 年柠檬酸类产品出口量、出口额趋势

2.2.2 柠檬酸行业能耗、水耗、物耗及污染物排放现状

（1）资源消耗情况

近年来，随着柠檬酸企业大型化与集约化程度、生产技术水平及自动化程度的不断提高，各项生产技术指标都得到优化。2010 年，柠檬酸行业的平均产酸率为 13.74%，较 2005 年提高了 0.9 个百分点，产酸率较好的企业其产酸率为 14.05%。2010 年行业平均发酵周期为 59.74 h，较 2005 年发酵周期缩短了 0.8 h，发酵周期最短的企业其发酵周期为 54.98 h。2010 年行业平均总收率为 88.48%，较 2005 年提高了 3.32 个百分点，总收率最高的企业收率为 89.43%。

2010 年柠檬酸行业平均成品粮耗为 1.899 t/t 产品，较 2005 年下降 1.15%。2010 年柠檬酸行业平均汽耗为 5.10 t/t 产品，较 2005 年降低 34.95%，汽耗最低的企业平均 4.60 t/t 产品，最高的企业平均 9.37 t/t 产品。

2010 年柠檬酸行业平均耗电 1 108 kW·h/t，较 2005 年下降 27.64%；其中，电耗最低的企业只有 955 kW·h/t，电耗最高企业电耗为 1 279 kW·h/t。2010 年柠檬酸行业平均水耗 35 t/t 产品，较 2005 年下降 41.76%，其中，水耗最低企业水耗在 30 t/t 产品以内，水耗最高企业水耗为 40 t/t 产品。具体消耗指标详见表 2.3。

表 2.3 2005—2010 年柠檬酸行业消耗指标

年份	粮耗/ （t/t 产品）	汽耗*/ （t/t 产品）	电耗/ （kW·h/t）	水耗/ （t/t 产品）
2005	1.921	7.935	1 393	60.10
2006	1.917	7.32	1 364	57
2007	1.915	6.83	1 259	49
2008	1.910	6.42	1 186	42
2009	1.901	6.07	1 095	39
2010	1.899	5.40	1 008	35

（2）污染物排放情况

近年来柠檬酸行业环保投入不断增加，污染防治新技术也在不断研发与应用，吨产品污染物产生与排放排放指标逐年下降。2005—2010 年吨产品柠檬酸废水产生量与排放量趋势如图 2.4 所示。

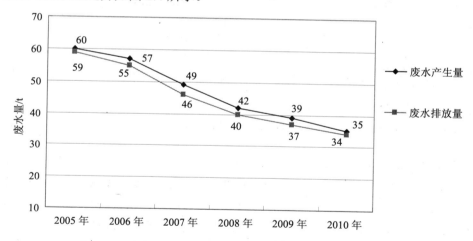

图 2.4 2005—2010 年吨产品柠檬酸废水产生量与排放量趋势

随着环保标准越来越严格，柠檬酸污染物排放量也大幅度降低，2005—2010 年吨产品柠檬酸 COD 排放量趋势如图 2.5 所示。

柠檬酸行业生产中产生与排放的污水量较大，发酵生产 1 t 柠檬酸约产生高浓度有机废水约 13 t，高浓度有机废水 COD 浓度为 1 万～2 万 mg/L。此外，在生产过程中，还产生一定量的中、低浓度废水。柠檬酸生产废水属于高浓度有机废水，可生化性好，目前在柠檬酸行业，内循环厌氧处理和好氧处理结合应用较多、相对比较成熟的工艺。现阶段柠檬酸行业废水产排污状况如表 2.4 所示。

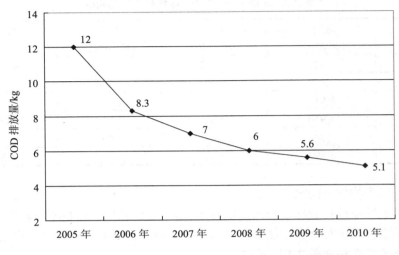

图 2.5　2005—2010 年吨产品柠檬酸 COD 排放量趋势

表 2.4　柠檬酸行业产排污现状

污染物指标	产污	排污
工业废水量/t 产品	32～40	30～38
化学需氧量/（kg/t 产品）	260～350	3～5.3
氨氮/（kg/t 产品）	3.5～5.5	0.3～0.5

柠檬酸行业废气主要是锅炉供汽时燃煤所产生的烟气，烟气中主要污染物为 SO_2。现阶段柠檬酸企业在锅炉上均采用了烟气脱硫除尘设备，烟气均为达标排放。

柠檬酸生产过程中产生的固体废弃物主要为硫酸钙，同时还有一些炉渣、厌氧污泥、好氧污泥、菌丝体、蛋白渣等固体废弃物。现阶段柠檬酸环保达标生产企业均将生产过程中的炉渣和硫酸钙作为建材使用，彻底解决了硫酸钙的污染问题；由于柠檬酸废水含钙高的特性，柠檬酸厌氧污泥产生量多，且颗粒大、均匀，适合给其他污水处理作为菌种；蛋白渣、菌丝体经过干燥蛋白含量很高，可用于饲料生产。

2.2.3　我国柠檬酸行业发展中存在的问题

（1）部分企业需进一步淘汰落后产能

我国柠檬酸行业经过几年的发展，生产水平有了很大的提升，但部分企业生产规模较小，技术、装备水平均相对落后，生产过程产污量大，污染物治理效果差，且环保与节能减排意识不强，影响污染物稳定达标排放。有些企业在工程设计的时候，没有充分考虑节能降耗和污染治理问题，厂房、水、电、汽、热等系统设计不规范，增大了节能减排的难度；一些企业污染治理设施老化，排水不能做到长期稳定达标；一些企业基础计量设施和专业人员配备不完善，未实现三级计量，配备的环保人员也缺乏应有的培训和管理，导致环保设施运行较差。

（2）提取技术与国际先进水平存在差距

我国柠檬酸行业在菌种、发酵技术、污水处理及废弃物综合利用技术等方面已处于国际先进地位，但在提取技术上与国际先进水平相比还存在一定差距，如国内分离提取工艺大部分采用钙盐法，产污强度高，而国外则采用色谱分离提取工艺，有效成分损失少，能耗较低。目前我国色谱分离技术中的部分核心技术来源于国外，成本相对较高，这也成为制约推广的主要因素。

（3）资源利用深度不够，产品附加值较低

在柠檬酸生产过程中其资源综合利用深度不够，产业链较短，产品附加值较低。目前一些发达国家原料利用率已达到99%，而我国平均水平在95%。大部分柠檬酸生产企业都是以玉米为原料进行发酵生产的，原料中30%的非淀粉副产物全部加工成饲料出售，深度加工不高。

（4）固体废弃物未能完全综合利用

因国内柠檬酸分离提纯工艺大都采用钙盐沉淀法，在柠檬酸生产过程中要消耗大量的硫酸和碳酸钙，产生大量废水、固体硫酸钙废渣。在污水治理方面，目前国内绝大部分柠檬酸生产企业均已投资建设污染治理设施，使废水能够达到排放标准要求。但在柠檬酸生产过程中还产生了大量硫酸钙废渣，行业内少部分企业对硫酸钙不能做到完全综合使用，只能长期堆放或填埋，对环境造成一定危害。

（5）低端产品占主导，高档产品开发不够

我国柠檬酸产品主要以低端产品占主导，高档产品开发不够，导致国内柠檬酸价格偏低。面对日趋激烈的市场竞争，生产企业应加大技术投入，向下游开发高档次产品。如无水柠檬酸具有不结块、利于运输、贮存和使用等特点，国外近年来对无水柠檬酸需求增长迅速，是柠檬酸产品的发展方向之一。此外，我国柠檬酸深加工产品品种少，不及国外的一半。目前美国药典已经收录的柠檬酸下游产品有柠檬酸钙、柠檬酸铁、柠檬酸氢二胺、柠檬酸铁铵、柠檬酸锌等。这些产品在国内的生产和应用已经起步，我国企业应借此契机向精细化、多元化、系列化方向发展。

（6）产品依赖出口

柠檬酸产能的快速扩张加剧了市场竞争，也加快了市场整合，生产迅速向大企业集中。我国最多时有上百家企业生产柠檬酸，平均产能仅为几千吨。现在生产企业为 20 余家，然而这种产能快速发展对企业和市场都产生影响。首先是严重依赖出口，2002 年，我国柠檬酸出口达 28 万 t，出口量占产量比例为 72%，2006年出口量 57.1 万 t，出口比例为 79.3%，2010 年出口 85.1 万 t，出口比例为 86.8%，出口比例逐渐增大。近年来，能源、化工原料、粮食等价格大幅上涨，人工、环保等费用也有较大上升，但由于柠檬酸市场竞争过度，出口价格上升幅度远远不及成本上升幅度，给企业经营造成很大困难。

2.2.4　我国柠檬酸行业发展趋势

（1）产业结构将得到进一步优化

近年来，柠檬酸行业通过政策引导与市场竞争相结合，加快了产业结构、产品结构和企业布局的调整，淘汰了一批落后生产力，提高了自主创新能力，提升了行业的技术和设备水平，形成结构优化、布局合理、资源节约、环境友好、技术进步和可持续发展的工业体系。

但与国外先进的发展体系相比，仍存在着较大的差距。在未来的一段时期，国家将更进一步约束资源消耗较高、环境污染较重的行业的发展进程，淘汰一批生产工艺落后、生产规模较小的生产企业。柠檬酸生产企业必须逐渐改变观念，适应当今的发展形势，着眼于长远利益，加大技术及资金的投入，从生产源头开始进行绿色生产，提高资源的综合利用率，降低成本，提高效益。

（2）国内市场进一步开拓

多年来我国国内市场对柠檬酸的需求平稳，增长幅度缓慢。2001 年国内市场柠檬酸消耗量为 9.3 万 t，2003 年为 11.8 万 t，2005 年为 14.5 万 t，目前为 18 万 t左右。人均年消耗量约为 0.13 kg，而发达国家人均年消耗量为 1.5~2 kg。我国柠檬酸主要消费于食品和饮料市场，约占 70%，其他消费领域包括医药、化妆品、洗涤剂以及工业领域，约占 30%，其中食品和饮料占 70% 左右，其他领域约占 30%。

在国外随着对环保的呼声越来越高，柠檬酸在洗涤剂中所占份额增长较快，而我国目前代替三聚磷酸钠用于洗涤剂生产中的柠檬酸数量较小，相信随着我国环保法规的日趋严格和人们环保意识的增强，用柠檬酸替代对环境和水质有污染的三聚磷酸钠的数量将逐年增加。另外，对随着柠檬酸深加工产品开发和应用推广工作力度的加大，其应用范围将进一步扩展，在其他行业中的使用份额也将增加。因此，国内柠檬酸市场潜力巨大。

（3）技术创新不断进步

我国柠檬酸发酵技术及发酵水平，特别是菌种及发酵工艺已处于世界领先地位，但后续提取工艺仍采用传统的钙盐法，该工艺由于使用大量碳酸钙、硫酸，所以会有大量硫酸钙废渣、CO_2 废气和废水产生，严重污染环境，且操作过程复杂，生产成本高。

随着我国柠檬酸工业的发展，对落后的柠檬酸提取工艺进行改进，以高效、节能、无污染、低料耗和便于自动化管理的新工艺取而代之已成为当务之急。目前，国内外有许多科研工作者都致力于柠檬酸提取工艺的研究，试图用其他的方法如色谱分离法、离子交换法、溶剂萃取法、膜分离技术等替代传统的钙盐法，解决柠檬酸污染问题，降低生产成本。虽上述提及的提取方式中还存在不足之处，但有些分离技术已显现出巨大的优越性和应用前景，现正进行深入研究，未来几年将实现关键技术产业化。

（4）充分利用外部原料优势

目前金融危机形势下，像柠檬酸等以出口为主的产品面临欧美等国家反倾销反补贴的贸易保护壁垒，中国进出口贸易不平衡现状、中美等贸易不平衡现状不利于世界各国经济持续稳定发展，从原料玉米价格来看，中国玉米价格由于需求持续增加，已逐渐转变成为玉米净进口国，玉米价格也远高于美国等玉米主产国，这大幅度削弱国内柠檬酸的市场竞争力，因此国内企业利用外部原材料资源优势及市场优势，实现"走出去"战略，既符合国家目前产业结构调整方向，又是国内柠檬酸行业发展的趋势。

2.3 国内外经济形势对我国柠檬酸行业发展的影响

我国的柠檬酸行业具有出口导向型特点，国内外经济形势的好与坏对我国柠檬酸行业的发展环境有着深刻的影响。2007 年以前，整个国际经济环境比较良好，我国的柠檬酸行业虽然也有国家的一些调控措施，但整体发展较为迅猛，产能、产量均增长较为快速，整体行业处于快速成长期。但从 2007 年开始的金融危机及经济危机导致外部需求急剧萎缩，再加上国家宏观产业政策的调整与对环境保护要求的加强，我国柠檬酸行业产能过剩矛盾立刻显现出来，为抢占出口市场，柠檬酸生产企业之间竞争较为激烈，出口价格比国外同类产品低。特别是近年来能源、化工原料、粮食等价格大幅上涨，人工、环保等费用也有较大上升，但由于柠檬酸市场竞争过度，出口价格上升幅度远远赶不上成本上升幅度。另外，由于我国柠檬酸出口量大幅增加，出口价格低廉，多次遭受国外反倾销调查，近年来先后有美国、泰国、乌克兰、南非、欧盟等对我国柠檬酸提出反倾销调查，致使贸易摩擦加剧。现阶段我国的柠檬酸行业进入了一个调整、整合时期，扩大内需刻不容缓。

同时随着国内外柠檬酸市场对产品质量要求的不断升级，以及食品、饮料、洗涤、医药等最终消费者个性化需求趋势的不断增强，柠檬酸行业必须不断开发高质量、个性化、功能性的新产品（如某公司2010年开发出的电子级柠檬酸填补了微电子领域功能性清洗剂的空白），才能适应和满足不断升级的市场需求。由于柠檬酸在国内外的应用十分广泛，柠檬酸生产企业也要加强柠檬酸衍生产品开发以及产品应用领域开发，改变目前单纯向客户提供产品方式为向用户提供技术咨询和服务方式，从而扩大产品应用领域。

第 3 章　柠檬酸行业发展环境政策分析

3.1　柠檬酸行业产业政策

3.1.1　加快淘汰柠檬酸行业落后产能

《国务院关于发布实施〈促进产业结构调整暂行规定〉的决定》（国发[2005]40号）和《国务院关于印发节能减排综合性工作方案的通知》（国发[2007]15 号），对按规定应予淘汰的落后造纸、酒精、味精、柠檬酸产能（包括落后企业、落后生产线、落后生产工艺技术和装置），采取措施促其淘汰。2011 年国家发展和改革委员会又发布《产业结构调整指导目录（2011 年本）》，目录中规定柠檬酸行业主要淘汰 2 万 t/a 及以下柠檬酸生产装置。

《国务院关于印发节能减排综合性工作方案的通知》（国发[2007]15 号）综合了各地提报和行业产能布局情况，制定了总体目标任务为"十一五"期间淘汰落后造纸产能 650 万 t，落后酒精产能 160 万 t，落后味精产能 20 万 t，落后柠檬酸产能 8 万 t；实现减排化学需氧量（COD）124.2 万 t。为贯彻落实《国务院关于印发节能减排综合性工作方案的通知》（国发[2007]15 号）精神和工作部署，完成"十一五"淘汰落后造纸、酒精、味精、柠檬酸产能（以下简称淘汰落后产能）任务，国家发展改革委、环保总局于 2007 年 10 月颁布了《关于做好淘汰落后造纸、酒精、味精、柠檬酸生产能力的通知》（发改运行[2007]2755 号），明确了工作原则、标准和要求，并分年度制定了目标任务，其中：2006—2009 年分别淘汰落后柠檬酸产能 3.3 万 t、2 万 t、1.9 万 t 和 0.8 万 t；减排化学需氧量（COD）3.2 万 t。柠檬酸行业主要淘汰环保不达标生产企业（适用 GB 19430—2004《柠檬酸工业污染物排放标准》）。

2009 年 5 月 18 日，国务院《轻工业调整和振兴规划》（2009 年 5 月 18 日）提出了 2009—2011 年我国轻工业调整和振兴的原则、目标、主要任务及相关政策措施等，并提出在 2009—2012 年将继续淘汰柠檬酸落后生产能力 5 万 t。

2009 年 11 月工业和信息化部发布分解落实 2009 年淘汰落后产能任务的通知

和各地淘汰落后产能计划分解表，要求 2009 年全国淘汰落后造纸产能 50.7 万 t、酒精 35.5 万 t、味精 3.5 万 t、柠檬酸 0.8 万 t。

2010 年 2 月 5 月，为确保"十一五"时期节能减排任务的完成，国务院下发了《国务院关于进一步加强淘汰落后产能工作的通知》（国发[2010]7 号），提出近期重点行业淘汰落后产能的具体目标任务。其中，柠檬酸行业主要淘汰环保不达标的柠檬酸生产装置。

2010 年 8 月，为进一步加强淘汰落后产能工作，工信部发布了《2010 年工业行业淘汰落后产能企业名单公告》（工产业[2010]111 号），将 2010 年炼铁、炼钢、焦炭、铁合金、电石、电解铝、铜冶炼、铅冶炼、锌冶炼、水泥、玻璃、造纸、酒精、味精、柠檬酸、制革、印染和化纤等行业淘汰落后产能企业名单予以公告。

3.1.2　限制以玉米为原料的产品发展

柠檬酸行业是我国农产品深加工的重点行业之一，在国家产业政策的调控和影响下，正朝着又好又快的方向发展。2006 年 12 月，国家发展改革委针对柠檬酸行业快速发展中重复建设、新建企业技术装备水平落后等问题发布了《关于加强玉米加工项目建设管理的紧急通知》（发改工业[2006]2781 号），2007 年 9 月下发了《关于清理玉米深加工在建、拟建项目的通知》（发改工业[2007]1298 号）和《关于促进玉米深加工业健康发展的指导意见》（发改工业[2007]2245 号），对玉米加工项目加以限制，特别是对新改建项目严格控制，旨在要遏制玉米深加工业盲目过快发展的势头，避免生产与饲料行业争粮的现象，平抑目前部分产品价格因玉米价格上涨而上涨的局面。

《关于促进玉米深加工业健康发展的指导意见》中指出要加强科技研发，增强自主创新能力，不断提高产业的整体技术水平，在支持玉米加工业共性关键技术装备研发的同时，有机酸行业要淘汰钙盐法提取工艺，缩短发酵周期 10%，提高产酸率和总收得率，降低电耗和水耗。同时，国家发改委也明确提出"十一五"时期玉米深加工用量规模不得超过玉米消费总量的 26%（按 2008—2009 年消费折合为 4 100 万 t），并限制发展以玉米为原料的柠檬酸、赖氨酸等出口导向型产品以及以玉米为原料的食用酒精和工业酒精的生产。

3.1.3　大力发展食品与发酵工业节水工艺

火力发电、钢铁、石油、石化、化工、造纸、纺织、有色金属、食品与发酵等行业的取水量约占全国工业总取水量的 60%（含火力发电直流冷却用水）。国家厉行节约用水，坚持把节水放在更加突出的位置，鼓励节水新技术、新工艺和重大装备的研究、开发与应用。

2005 年国家发展改革委、科技部会同水利部、建设部和农业部联合发布了《中国节水技术政策大纲》（以下简称《大纲》），《大纲》中的重点节水工艺部分指出要发展食品与发酵工业节水工艺，推广脱胚玉米粉生产酒精、淀粉生产味精和柠檬酸等发酵产品的取水闭环流程工艺；推广高浓糖化醪发酵（酒精、啤酒、酵母、柠檬酸等）和高浓母液（味精等）提取工艺；推广采用双效以上蒸发器的浓缩工艺；淘汰淀粉质原料高温蒸煮糊化、低浓度糖液发酵、低浓度母液提取等工艺。

近年来，柠檬酸行业耗水量大大降低，吨产品耗水量逐年递减，许多工厂建立了循环用水系统，有的已将处理后的中水加以利用，减少了排放，节约了水资源，并在资源综合利用、环境整治方面取得了多项突破，获得了很好的经济效益和社会效益。

3.2　环保政策

3.2.1　开展柠檬酸企业环保核查

为贯彻落实《国家发展改革委　环境保护部关于 2010 年玉米深加工在建项目清理情况的通报和开展玉米深加工调整整顿专项行动的通知》（发改产业[2011]1129 号），环境保护部决定开展柠檬酸、味精生产企业环保核查工作，出台了《关于开展柠檬酸、味精生产企业环保核查工作的通知》（环办函[2011]1272 号）和《柠檬酸、味精生产企业环保核查办法》，并依据核查结果发布符合环保规定的企业名单。中国生物发酵工业协会受环境保护部委托自 2003 年先后组织了 6 次柠檬酸行业环保核查，整个核查工作坚持公开、公平、公正的原则，制订了核查程序和评价规则，使得核查工作更趋规范、客观。环保核查促使柠檬酸企业加大对环保方面的投入，推动了行业健康发展和促进经济与环境协调发展，加快了柠檬酸行业节能降耗进程，提升了行业环保水平。

3.2.2　提升柠檬酸行业污染物排放标准

（1）"92 号公告"

为规范市场经济秩序，保护公平竞争，避免企业以破坏环境为代价造成严重环境污染现象的产生，2002 年原国家环保总局和原国家经贸委、原外经贸部发布了《禁止未达到排污标准的企业生产、出口柠檬酸产品》公告（2002 年第 92 号），即现在柠檬酸行业执行的"92 号公告"。

"92 号公告"规定，凡在中国境内从事柠檬酸生产的企业，必须建设与生产规模相适应的环保治理设施，主要污染物排放必须达到国家规定的排放标准，禁止未达到排污标准的企业生产与出口柠檬酸产品。这是国家三部委针对一个行业发布的将生产、出口与环保结合在一起的试点政策，是加强环境监督的一个有示范意义的尝试。此后，为了使公告的执行真正落实，不但要求企业出具省级环保部门的污染物达标排放证明，国家环保总局还委托中国生物发酵工业协会对企业的治理现状进行现场核查。强有力的措施，对认真做好环境保护的企业，是莫大的支持；对治理不力的企业，是巨大的压力和推动；对全行业的"三废"治理工作，起了决定性的促进作用。"92 公告"的发布和 2004 年 1 月《柠檬酸工业污染物排放国家标准》的执行，引起了柠檬酸行业高度的重视，积极开展清洁生产新技术的研究，环保处理技术、设施有了很大的提高，大幅度减少了污染物的排放。

（2）《柠檬酸工业污染物排放标准》

为提升产品质量，控制污染物排放，降低环境污染，提高综合利用水平，降低资源消耗，中国环境科学研究院、轻工业环境保护研究所根据柠檬酸生产与产排污的特点与现状共同制定了《柠檬酸工业污染物排放标准》（GB 19430—2004），该标准的制定与发布，对控制柠檬酸工业污染物的排放、保护环境和推动柠檬酸工业技术进步发挥了重要作用。

近年来，我国味精与柠檬酸行业环境治理状况取得了较大的改善，现行的《柠檬酸工业污染物排放标准》（GB 19430—2004）已经不能有效地反映行业的特点，污染物控制限值过松。为进一步保护生态环境、防治污染，促进柠檬酸工业的发展，淘汰高污染及落后的生产工艺，中国环境科学研究院、中国轻工业清洁生产中心、中国发酵工业协会、日照金禾生化集团有限公司承担了《柠檬酸工业污染物排放标准》（GB 19430—2004）修订工作，以促使柠檬酸企业采用无污染、低污染的先进生产工艺及先进的污染治理措施，减少污染物的排放，保护生态环境、防治污染。现阶段《柠檬酸工业水污染物排放标准》修订初步完成，已报送环境保护部。

3.3　柠檬酸行业清洁生产指导性技术文件

3.3.1　《国家重点行业清洁生产技术导向目录》（第三批）

为贯彻落实《中华人民共和国清洁生产促进法》，全面推进清洁生产，引导企业采用先进的清洁生产工艺和技术，积极防治工业污染，国家共发布了三批《国家重点行业清洁生产技术导向目录》，其中，2006 年由国家发展改革委与国家环保总局组织编制的《国家重点行业清洁生产技术导向目录》（第三批）中提出柠檬酸行业的推荐技术为柠檬酸连续错流变温色谱提纯技术。

柠檬酸连续错流变温色谱提纯技术的适用范围为柠檬酸生产企业，主要是采用弱酸强碱两性专用合成树脂吸附发酵提取液中的柠檬酸。新工艺用 80℃左右的热水，从吸附了柠檬酸的饱和树脂上将柠檬酸洗脱下来。用热水代替酸碱洗脱液，彻底消除酸、碱污染。废糖水循环发酵，提高柠檬酸产率，基本消除废水排放，柠檬酸收率大于 98%，产品质量明显提高。

3.3.2 《发酵行业清洁生产评价指标体系》

为指导和推动发酵企业依法实施清洁生产，提高资源利用率，减少和避免污染物的产生，保护和改善环境，为创建清洁生产先进企业提供依据，为企业推行清洁生产提供技术指导，2007 年国家发展改革委制定了《发酵行业清洁生产评价指标体系》，其中柠檬酸行业评价指标如表 3.1～表 3.3 所示。

表 3.1 以玉米为原料柠檬酸企业定量评价指标项目、权重及基准值

一级指标	权重值	二级指标	单位	权重值	评价基准值
（1）资源和能源消耗指标	30	原料消耗量	t/t 产品	6	1.9
		取水量	m^3/t 产品	8	40
		电耗	kW·h/t 产品	3	1 100
		汽耗	t/t 产品	3	5.0
		综合能耗	t 标煤/t 产品	10	1.1
（2）生产技术特征指标	30	淀粉糖化收率	%	4	98.5
		发酵糖酸转化率	%	4	98.0
		发酵产酸率	%	4	13.0
		柠檬酸提取收率	%	4	86.0
		精制收率	%	4	98.0
		纯淀粉出 100%柠檬酸收率	%	10	86.0
（3）资源综合利用指标	28	淀粉渣（薯类渣）生产饲料	%	5	100
		菌体渣生产饲料	%	5	100
		硫酸钙废渣利用率[1]	%	5	100
		冷却水重复利用率	%	5	100
		锅炉灰渣综合利用率	%	5	100
		沼气利用率	%	3	70
（4）污染物产生指标[2]	12	综合废水产生量	m^3/t 产品	6	40
		COD 产生量	kg/t 产品	3	400
		BOD 产生量	kg/t 产品	3	300

注：1. 如采用新型提取方法，无硫酸钙废渣产生，则硫酸钙废渣利用率取 100%。
　　2. 污染物产生指标是指生产吨产品所产生的未经污染治理设施处理的污染物量。

表 3.2 以薯类为原料柠檬酸企业定量评价指标项目、权重及基准值

一级指标	权重值	二级指标	单位	权重值	评价基准值
（1）资源和能源消耗指标	30	原料消耗量	t/t 产品	6	1.9
		取水量	m^3/t 产品	8	40
		电耗	kW·h/t 产品	3	1 100
		汽耗	t/t 产品	3	5.0
		综合能耗	t 标煤/t 产品	10	1.0
（2）生产技术特征指标	30	淀粉糖化收率	%	4	98.5
		发酵糖酸转化率	%	4	98.0
		发酵产酸率	%	4	12.5
		柠檬酸提取收率	%	4	86.0
		精制收率	%	4	98.0
		纯淀粉出 100%柠檬酸收率	%	10	86.0
（3）资源综合利用指标	28	淀粉渣（薯类渣）生产饲料	%	5	100
		菌体渣生产饲料	%	5	100
		硫酸钙废渣利用率 [1]	%	5	100
		冷却水重复利用率	%	5	100
		锅炉灰渣综合利用率	%	5	100
		沼气利用率	%	3	70
（4）污染物产生指标 [2]	12	综合废水产生量	m^3/t 产品	6	40
		COD 产生量	kg/t 产品	3	350
		BOD 产生量	kg/t 产品	3	300

注：1. 如采用新型提取方法，无硫酸钙废渣产生，则硫酸钙废渣利用率取 100%。
2. 污染物产生指标是指生产吨产品所产生的未经污染治理设施处理的污染物量。

表 3.3 柠檬酸企业清洁生产定性评价指标项目及指标分值

一级指标	指标分值	二级指标		指标分值
（1）原辅材料	15	1. 淀粉　2. 薯类		15
（2）生产工艺及设备要求	20	调粉浆	淀粉乳＞13%	8
		液化	喷射液化、中温	5
		发酵	CIP 清洗	1
		分离	膜分离、色谱分离、离子色谱、连续离子交换色谱	3
		浓缩	多效	3

一级指标	指标分值	二级指标	指标分值
（3）符合国家政策的生产规模	10	柠檬酸年产量 3 万 t 以上	10
（4）环境管理体系建设及清洁生产审核	25	通过 ISO 9000 质量管理体系认证	3
		通过 HACCP 食品安全卫生管理体系认证	4
		通过 ISO 14000 环境管理体系认证	5
		进行清洁生产审核	5
		开展环境标志认证	2
		所有岗位进行严格培训	3
（5）贯彻执行环境保护法规的符合性	25	有完善的事故、非正常生产状况应急措施	3
		有环保规章、管理机构和有效的环境检测手段	6
		对污染物排放实行定期监测和污水排放口规范管理	6
		对各生产单位的环保状况实行月份、年度考核	6
		对污染物排放实行总量限制控制和年度考核	7

3.3.3 《发酵行业清洁生产技术推行方案》

为加快重点行业清洁生产技术的推行，指导企业采用先进技术、工艺和设备实施清洁生产技术改造，按照"示范一批，推广一批"的原则，截至 2012 年 12 月工业和信息化部共发布了发酵、啤酒、酒精、钢铁、电解锰等 33 个重点行业清洁生产技术推行方案。

《发酵行业清洁生产技术推行方案》（以下简称《方案》）中明确了柠檬酸行业主要目标：至 2012 年，柠檬酸吨产品能耗平均约 1.57 t 标煤，较 2009 年下降 13.7%，全行业降低消耗 25 万 t 标煤/a；新鲜水消耗由 6 000 万 t/a 降至 4 000 万 t/a，下降 33.3%；废水排放量由 5 500 t/a 降至 3 500 亿 t/a，下降 36.4%，减排 2 000 万 t/a；减少硫酸消耗 45 万 t/a；减少碳酸钙消耗 45 万 t/a；减排硫酸钙 60 万 t/a；减排 CO_2 20 万 t/a。《方案》涉及柠檬酸行业技术：①发酵废水资源再利用技术；②冷却水封闭循环利用技术；③阶梯式水循环利用技术。

3.3.4 《轻工业技术进步与技术改造投资方向（2009—2011）》

2009 年 5 月，国家发展改革委发布了《轻工业技术进步与技术改造投资方向（2009—2011）》，其中柠檬酸行业相关的技术进步与技术改造投资方向如表 3.4 所示。

表 3.4   柠檬酸行业相关的技术进步与技术改造投资方向（2009—2011 年）

一、重点装备自主化实施内容	
食品粮油加工装备	新型膜分离设备、连续模拟移动床设备、节能高效蒸发浓缩设备、高效结晶设备、高速和无菌罐装设备、膜式错流过滤机、高速吹瓶设备、新型高速贴标机等关键共性设备
二、重点行业技术创新与产业化实施内容	
新型微生物多效复合材料及关键技术产业化	多菌群有机结合成型材料。多种目标污染物高效单性菌株的定向改造、多效菌群共效复合作用优化污染物处理等关键技术
发酵行业污染物减排与废弃物资源化利用技术产业化	污染物减排集成技术、过程节水与废水回用技术。废弃物资源化和高值化利用技术
三、推进行业节能减排实施内容	
食品	新型清洁生产技术替代。副产物和废弃物高值综合利用。废水处理回收再利用
发酵	管束干燥机废气回收综合利用、锅炉烟道气饱充等节能技术推广
四、食品加工安全能力建设实施内容	
食品添加剂	食品原料中农药残留检验、生产过程在线检测和产成品检验设备配置。产品质量快速检测实验室仪器设备配置
发酵	企业内部质量控制、监测网络和产品质量可追溯体系建设。生产过程在线检测和产成品检验设备配置。味精、淀粉糖（醇）、柠檬酸和酶制剂等大宗产品安全检测中心检测设备配置
五、增加国内有效供给实施内容	
农副产品深加工	粮食、畜禽、糖料、果蔬及水产品和特色农产品等深加工及综合利用

第 4 章 柠檬酸主要生产工艺及产排污分析

4.1 柠檬酸行业主要生产过程

柠檬酸行业典型生产工艺为钙盐法生产工艺，钙盐法生产工艺可分为发酵、粗提、精提三大过程，其工艺为：薯干或玉米粉碎后，经调浆、种子罐、发酵罐进行糖化，加黑曲酶，通无菌空气发酵，生产柠檬酸发酵液，经板框压滤得到柠檬酸清液，加入碳酸钙生成柠檬酸钙沉淀，过滤后加入硫酸，生成柠檬酸，经离子交换、浓缩、离心、烘干后，生成柠檬酸晶体，包装入库。其中发酵工艺包括调浆、发酵工序；粗提工艺包括板框过滤、中和、洗糖、钙盐调浆、酸解和酸抽等工序；精提工艺包括离交和浓缩等工序；最后为产品精加工、包装。具体的工艺流程见图 4.1。

4.2 柠檬酸生产工艺污染物产生与处理情况

柠檬酸行业主要污染物有废水、废气、固体废物及机器噪声等，其主要的产污环节见图 4.2。

4.2.1 柠檬酸工艺废水产生及治理

（1）柠檬酸生产工艺废水的产生

本工艺废水主要产生于糖化、发酵、压滤和离交工段。废水的主要来源为：

① 糖化洗滤布水。在糖化过程中，糖化液必须过滤除去玉米渣，过滤机的滤布需要定期清洗，产生"糖化洗滤布水"，主要含有淀粉、蛋白质、纤维素、玉米脂肪及钠离子等。

② 二压洗滤布水。糖液在发酵罐中发酵得到发酵液，经压滤机压滤去除菌丝体，成为发酵清液，送到提取车间。压滤机的滤布需要定期清洗，由此而产生"二压洗滤布水"，主要含有柠檬酸、残糖、蛋白质和维生素等。

③ 刷罐水。发酵罐排放发酵液后，在下一次进料前，要用清水将发酵罐洗涤干净，从而产生"刷罐水"，主要含有柠檬酸、残糖、蛋白质、维生素和聚醚等。

④ 浓糖水。发酵清液与CaCO₃中和生成柠檬酸钙沉淀，上部母液称为"浓糖水"，含有柠檬酸、柠檬酸钙、残糖、油脂、蛋白质、微量钠盐、聚醚及有机色素等。

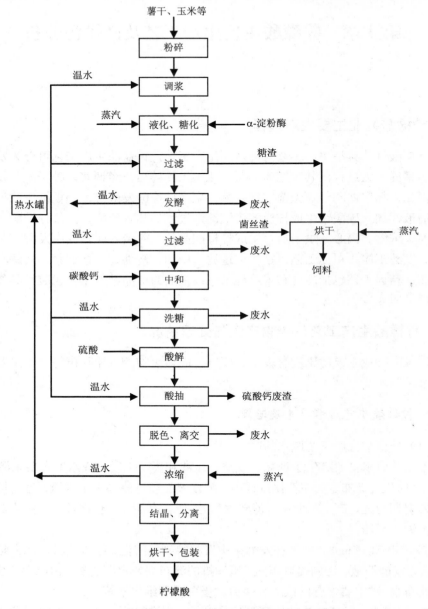

图4.1 钙盐法柠檬酸生产工艺流程

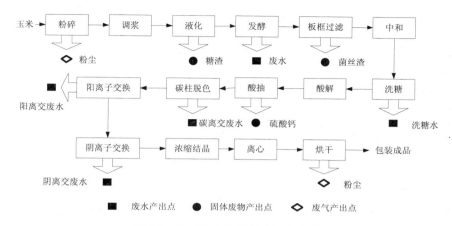

图 4.2　柠檬酸生产工艺产污环节图

⑤ 洗糖水。中和工序得到的固相柠檬酸调浆后送入过滤机，继续使用 80～90℃的热水，进一步洗去残糖及可溶解性杂质，抽滤后排放出"洗糖水"，含有柠檬酸、柠檬酸钙、残糖、油脂、蛋白质、无机钙及有机色素等。

⑥ 沙柱冲洗水。精制工序中要把固体物质在沙滤器中出去，沙柱需定期冲洗，形成"沙柱冲洗水"，含有硫酸钙、柠檬酸以及其他结成滤饼的固性物。

⑦ 离子交换淡酸水。离子交换淡酸水由 4 个位置产生：沙柱、炭柱、阴柱和阳柱。离子交换柱再生前，将淡酸液排入后柱，然后用清水（无离子水）把残液冲向后柱，所产生的废水为"离子交换淡酸水"，含有柠檬酸、铁、钙、氯等离子以及滤层微粒和破碎的阴、阳树脂。

⑧ 碳柱废碱水。酸碱液经沙柱过滤后，进入活性炭柱吸附，碳柱每 2 周用 NaOH 水溶液再生，再生所排放的水为"碳柱废碱水"，含有 NaOH、柠檬酸盐及有机色素等。

⑨ 阳柱废酸水与阴柱废氨水。来自碳柱的酸解液经过阳离子交换柱，再生时先放去浓酸液，用清水洗涤残液，形成"阳柱废酸水"，含有 HCl、柠檬酸、金属离子等；阴柱废氨水。来自阳柱的酸解液经过阴离子交换柱，再生时先放去浓缩液，用清水洗涤，放去淡酸水以后，用氨水溶液再生，形成"阳柱废酸水"，含有 NH_3、柠檬酸、非金属离子等。

⑩ 再生冲洗水。交换柱再生冲洗水包括碳柱、阴柱、阳柱 3 部分，再生结束，放去再生废水后，用无离子水冲洗残留的再生废水，形成"再生冲洗水"，含有 NaOH、HCl、NH_3 以及相应的盐类和破碎的树脂。

以上各工艺点所排放废水的水量和水质见表 4.1。

表 4.1　柠檬酸生产废水水量及水质

序号	废水名称	废水量/（m³/t 产品）	COD/（mg/L）	pH
1	糖化洗滤布水	约为 1.80	3 700～4 100	5～6
2	二压洗滤布水	约为 0.54	1 500～2 000	3
3	刷罐水	约为 0.36	35 000～40 000	1～2
4	浓糖水	约为 14.40	20 000～26 000	4.5～5.5
5	洗糖水	约为 11.50	3 500～4 300	5～6
6	沙柱冲洗水	约为 0.18	—	—
7	离子交换淡酸水	约为 2.70	3 000～4 000	1～2
8	碳柱废碱水	约为 0.15	1 000～3 000	10～12
9	阳柱废碱水	约为 0.72	1 000～3 000	1～2
10	阴柱废氨水	约为 0.32	1 000～3 000	10～12
11	再生冲洗水	约为 2.16	500～1 000	

　　由表 4.1 可见，柠檬酸废水主要来自提取车间的浓糖水和洗糖水，具有浓度高、排放量大的特点；发酵车间的刷罐水虽然浓度高，但水量很少，有机负荷较少；其他各点排放的废水浓度较低，水量也不大。柠檬酸废水中含有大量的有机物（有机酸、糖、蛋白质、脂肪、淀粉、纤维素等）及 N、P、S 等物质，生产中未糖化的淀粉质、未发酵的残糖、未能提取的柠檬酸等都进入废水中，形成高浓度的有机污染物。

　　各股废水根据性质可分为两类，表 4.1 中的第 1～7 号水为高浓度有机废水，水量较多，可共同排放形成综合废水，综合废水先进行厌氧处理，再进行好氧处理；第 8～11 号水有机物含量较低，水量较少，且含有碱、酸、盐类，需另行处理，一般先中和，然后再直接进入好氧段。综合废水水质水量情况见表 4.2。

表 4.2　柠檬酸综合废水水量和水质

指标	数值
水量/（m³/t）	30～38
温度/℃	60～70
pH	4～5
COD_{Cr}/（mg/L）	11 000～13 000
氨氮/（mg/L）	80～120
SS/（mg/L）	800～1 000
色度/倍	180～250

（2）柠檬酸废水的治理情况

柠檬酸生产废水属于高浓度有机废水，可生化性好，因此，国内外常用的废水处理方法是生化法。单独采用厌氧生物法或好氧生物法处理高浓度柠檬酸废水，往往不能达到国家排放标准，需组合其他处理技术或将两种生物法组合起来对柠檬酸废水进行处理。现绝大部分柠檬酸企业的污水处理流程如图 4.3 所示。

柠檬酸行业废水长期处理实践证明对发酵后的柠檬酸废水适合采用厌氧+好氧处理相结合的工艺。目前在柠檬酸行业，内循环厌氧处理技术（IC）+生物曝气法、内循环厌氧处理技术（IC）＋厌氧生物处理+序列间歇式活性污泥法（SBR）是应用较多、相对比较成熟的工艺。废水处理成本受各企业技术水平、执行污水排放标准、当地电价及物价等影响而有较大差异，处理每吨废水成本在 3 元左右。

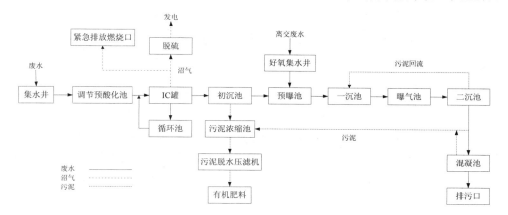

图 4.3　污水站工艺流程图

4.2.2　钙盐法柠檬酸生产工艺废气产生及治理情况

该工艺废气有四种，其主要来源如下：

① 烟气：包括锅炉排放的烟气（自备锅炉的厂家有此类污染物），烟气中主要有烟尘、SO_2、NO_x 等污染物，目前柠檬酸生产厂家均有除尘设施、尾气脱硫设施等对烟气进行处理，实现达标排放。

② 粉尘：主要有两种，一部分是玉米粉碎工序产生的粉尘；另一部分是复合烘干机在干燥过程中会产生部分以细小柠檬酸钠晶体为主的粉尘。

玉米粉碎工序产生的粉尘采用布袋脉冲除尘进行处理，流化床在干燥过程中产生的粉尘采用两级水膜除尘器进行处理回收。

③ 酸雾：柠檬酸钙与硫酸进行酸解反应在密闭的酸解桶中进行，在硫酸添加

的过程中，有少量的硫酸雾扩散。

有效的处理手段是将在酸解反应时产生的硫酸烟雾通过管道集中后采用轴流风机抽吸至水雾吸收塔吸收后排放。

④ 恶臭气体：集水井、调节池、循环池、IC 反应器都产生异味气体，主要污染物为 H_2S。

废水处理站发出的臭味，在预处理设施、循环罐、IC 反应器、污泥池、厌氧污泥池的顶部及脱水机房连续抽取废气，经废气风机送至涤气塔以脱除异味。废气风机连续运转送至涤气塔顶部用碱液连续喷淋，将喷淋液排放至曝气池再处理。

4.2.3 钙盐法柠檬酸生产工艺固体废物产生及治理情况

该工艺固体废物有生产废物、污泥等，主要来源如下：

① 糖渣：发酵车间，过滤时产生的糖渣，经烘干制造为蛋白饲料外卖。

② 菌丝渣：压滤车间，发酵液板框压滤过程中产生的菌丝渣，经烘干后，制造为蛋白饲料外卖。

③ 硫酸钙废渣：粗提车间酸解后，柠檬酸钙酸解后产生硫酸钙废渣，全部运往建材厂，作为水泥生产原料外售。

④ 污泥：污水处理站产生的厌氧污泥和好氧污泥，厌氧污泥外卖客户做菌种。好氧污泥排入污泥浓缩池以进一步增加污泥浓度，浓缩后污泥再用机械脱水设备处理，干固污泥外卖客户做肥料。

第 5 章　柠檬酸行业清洁生产进展及潜力分析

5.1　柠檬酸行业清洁生产进展情况

5.1.1　在柠檬酸行业应用的清洁生产技术

柠檬酸行业应用的主要清洁生产技术分为以下几个方面：

（1）原料使用

① 鼓励使用无毒、无害或低毒、低害的原辅材料，减少有毒、有害原辅材料的使用，尽可能降低原辅材料的消耗。

目前，在我国柠檬酸分离提取生产过程中，因工艺需要，需要使用一定量的盐酸、硫酸等危险化学品，为了改善生产工艺，提高企业生产生态效益，生产企业与高等院校、科研院所以产、学、研相结合的模式，开展行业共性问题研究，在一定程度上减少了盐酸、硫酸等危险化学品的使用，减少生产对环境的污染，促进行业经济效益、社会效益与环境效益的协调发展。

② 鼓励运用基因工程、细胞工程技术构建新菌种或改造柠檬酸生产菌种。

菌种是发酵的基础，既是发酵过程成败的关键，更是体现经济效益和工作效率的关键。优良生产菌种的选育，一直是柠檬酸发酵的主要研究课题之一，发酵菌种产酸率越高，单位产品粮耗、能耗水耗均相应降低，产品收得率同比上升。

为了获得性能优良的高产菌株，过去人们经常采用紫外线照射和化学诱变剂诱变等方法，尽管这些方法在高产菌株选育方面曾起过极为重要的作用，而且至今仍是行之有效的方法，但其有许多不足之处，如工作量大、盲目性大，多次诱变处理后产酸不易提高等。为此，人们迫切需要利用定向获得优良遗传性状、效率高的新技术来选育生产菌株。近年来，随着分子生物学和分子遗传学的发展，相继开发了原生质体融合法、转化、转导、重组 DNA 技术等一系列新的育种方法，为应用微生物工业带来勃勃生机。

产生柠檬酸的微生物主要有真菌、细菌和酵母，自从 1917 年发现黑曲霉能够生成柠檬酸后，尚未发现其他属的微生物比黑曲霉更好，因其产酸量高，且能利用多样化的碳源，故成为现在人们大多利用柠檬酸生产菌种。目前我国柠檬酸生产菌株是 20 世纪七八十年代选育的耐高糖、耐高柠檬酸并具抗金属离子的黑曲霉高产柠檬酸菌株。经过几十年的努力，我国柠檬酸生产菌种工业产酸水平可达到 16%以上，暂时处于世界领先地位，但菌种选育方面的竞争依然形势严峻，所以当前急需选育或构建高产和高发酵指数的柠檬酸生产菌株，以满足柠檬酸生产的需求。

（2）生产工艺及设备

①鼓励采用大型高效生物反应器，提高单罐发酵容积，降低单位产品、单位体积能耗，提高发酵效率。

随着生化技术的提高和生化产品的需求量不断增加，对发酵罐的大型化、节能和高效提出了越来越高的要求。目前国内柠檬酸发酵罐较普遍使用 $300\sim500\ m^3$，国内最大标准式发酵罐其容积为 $1\ 000\ m^3$。发酵是一个无菌的通气（或厌氧）的复杂生化过程，需要无菌的空气和培养基的纯种浸没培养，因而发酵罐的设计，不仅仅是单体设备的设计，而且涉及培养基灭菌、无菌空气的制备、发酵过程的控制和工艺管道配制的系统工程。国内发酵罐的装备得到了显著改善，传热由单一的罐内多组立式蛇管改为罐壁半圆形外盘管为主，辅之罐内冷却管；减速机由皮带减速改为齿轮减速机；搅拌浆由单一径向叶轮改为轴向和径向组合型叶轮。随着发酵产品需求量增加，发酵过程控制和检测水平提高，发酵机理的了解和最优化的机理认识水平提高，以及空气无菌处理技术水平的提高，发酵罐的容积增大已成为工业发酵的趋势。

②加强大型动力设备节能改造，采用无废、少废设备，淘汰多废、低效设备。

蒸发浓缩工序是发酵工业生产的重要的生产工艺环节，也是能耗较高的工段，据不完全统计，蒸发浓缩能耗约占整个生产能耗的 40%，因此，加强蒸发浓缩设备的节能改造，对于降低吨产品能耗，提高生产工艺技术水平具有重要的意义。

机械式蒸汽再压缩技术是重新利用它自身产生的二次蒸汽的能量，从而减少对外界能源的需求的一项技术。早年，德国和法国在 60 年代就已经成功地将该技术应用于化工、制药、造纸、污水处理、海水淡化等行业。

MVR 利用高能效蒸汽压缩机压缩蒸发系统产生的二次蒸汽，提高二次蒸汽的焓，提高热焓的二次蒸汽进入蒸发系统作为热源循环使用，替代绝大部分生蒸汽，生蒸汽仅用于补充热损失和补充进出料温差所需热焓，从而大幅度降低蒸发器的生蒸汽消耗，达到节能目的。该技术可用于料液的浓缩和结晶，蒸发 1 t 水需要耗电为 $23\sim70\ kW \cdot h$，具有能耗低占地少等特点。

又如柠檬酸发酵生产过程中，蒸汽消耗大且用汽峰谷差大，随着发酵罐的大型化，大罐的空消、实消和出罐加热以及玉米粉浆的喷射液化均需要有高质量的蒸汽，并需要在尽可能短的时间内完成灭菌和加热工作，所以对蒸汽管网的冲击较大。许多企业即使锅炉出力大大超过平均用汽量，还是常常被迫采用增加锅炉的投资来满足上述需要。

蓄热器在 20 世纪三四十年代由德国首创，至今已发展到世界各国，尽管蓄热器的设计、加工和控制技术日新月异，但蓄热器的蒸汽量调节作用，仍然没有其他装置或手段可以替代。在世界银行协助我国发展的五十项节能设备中，蒸汽蓄热器名列第二。

蒸汽蓄热器是以水为载热体，间接存储蒸汽的储热装置。当锅炉、蓄热器和用户三者之间存在压力和温度的梯度时，蓄热器的存在，使锅炉减少甚至摆脱生产用汽波动所造成的影响，保持比较平衡的运行，彻底消除"赶火""压火"现象。根据工艺要求，生产用汽量剧增时，锅炉不必猛增负荷，由蒸汽蓄热器自动发出蒸汽，满足生产用汽的要求，用汽压力也随之保持稳定。生产用汽量减少时，锅炉也不需要马上降低运行负荷，生产用汽多余部分的蒸汽又会自动储存在蓄热器，如此循环。

③鼓励采用色谱分离技术替代传统钙盐法提取工艺。

利用新型连续移动色谱提取分离技术取代传统柠檬酸生产钙盐沉淀法，使柠檬酸生产企业减少污染物排放，降低生产成本。采用新型连续移动色谱分离提取技术来分离提取柠檬酸[根据进料各个成分对固相（树脂）具有不同的亲和力导致料液中各组分通过树脂床的速度的快慢得到分离]，产品柠檬酸的提取率大于98%。具体工艺如图 5.1 所示：

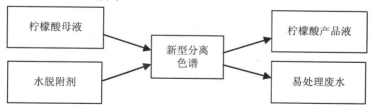

图 5.1　连续移动色谱分离工艺流程图

传统的柠檬酸提取工艺大多采用钙盐沉淀法，每吨柠檬酸需消耗约 0.9 t 的硫酸和碳酸钙，产生约 2.2 t 硫酸钙和 0.4 t 二氧化碳，耗电 1 000 kW·h，产生废水40 t，同时柠檬酸收率也低于 94%。

采用新型连续移动色谱分离提取技术来分离提取柠檬酸，取代传统"钙盐"法后，吨产品可节约硫酸约 0.9 t、碳酸钙 0.9 t，降低电耗 30%，无固体废弃物和二氧化碳排放；降低废水产生量和排放量约 70%；提取收率提高到 97%以上；产品纯度达到 99%以上。该工艺污染物产生与排放大大降低，降低化学品消耗、能耗、水耗，大幅降低生产成本，无固体废渣、废气产生。

（3）回收利用

① 鼓励生产废弃物中有用物质的回收，延长产业链。

例如，从柠檬酸生产废水回收提取菌丝蛋白；从玉米原料废弃物中回收玉米浆、玉米皮、胚芽等，进一步深加工制成蛋白饲料、玉米油等出售，延长产业链，提高资源利用率。

② 鼓励回收利用废水中资源的技术研发应用。

如发酵废水资源再利用技术，该技术将柠檬酸废水中的 COD 作为一种资源来考虑，通过厌氧反应器，在活性厌氧菌群的作用下，将废水中 90%的 COD 转化为沼气和厌氧活性颗粒污泥，同时将沼气经脱硫生化反应器，由生物菌群将沼气中的有害的硫化物分解为单质硫，增加了企业产值，降低了沼气燃烧时对大气污染。产生的沼气可用作锅炉燃烧或发电，厌氧活性颗粒污泥可作为厌氧发生器的菌源进行出售。该技术不但降低了高浓度废水浓度和废水治理成本，还将资源进行了综合利用。

（4）节水措施

鼓励采用低流量、高效率的清洗设备，有效的节水、节能的工艺技术，强化节水管理。

采用阀门、喷头等设施控制设备清洗用水量，选用耗水少、效率高的清洗喷头；选用腐蚀性小且易被清除的清洗剂清洗设备；加强抽水设备排水、循环水排水、蒸汽凝水的回收利用。目前柠檬酸行业主要节水技术有：

Ⅰ 冷凝水封闭循环回收利用技术。该技术通过对生产过程中的冷凝水、冷却水封闭循环利用，不仅减少了新鲜水的用量，降低了单位产品的用水量，还降低了污水的排放量。同时，通过对热能的吸收再利用，可降低生产中的能耗，达到节能的目的。该技术实施后，冷却水重复利用率达到 75%以上，蒸汽冷凝水利用率达到 50%以上。

Ⅱ 阶梯式水循环利用技术。阶梯式水循环利用技术将温度较低的新鲜水用于结晶等工序的降温；将温度较高的降温水供给其他生产环节，通过提高过程水温度，降低能耗；将冷却器冷却水及各种泵冷却水降温后循环利用；糖车间蒸发冷却水水质较好且温度较高，可供淀粉车间用于淀粉乳洗涤，既节约用水，又降低蒸汽消耗；实现废水回用，减少了废水排放。该技术改变了企业内部各单位用水及排水的无规则状态，从企业全局及内部各单位用水的水质、水量方面进行综合考虑，将企业用水水质、水量进行综合规划和改造，实行阶梯利用与自身循环相结合的方法，从而达到最佳节水及节能效果。

Ⅲ　生产过程中水回用技术。在柠檬酸生产过程中，间接冷却水主要包括提取降温水、发酵降温水、蒸发器降温水等；工艺水主要包括糖化配料用水、发酵配料用水、淀粉分离洗涤水、锅炉用水等；另外还有设备清洗水、分析化验用水等。需要耗费大量的水资源，传统工艺没有采用循环利用，用水量极大。传统工艺中，从玉米生产到柠檬酸成品，1 t 产品取新水量在 35 m³ 左右，巨大的用水量不仅加重了企业负担，更加重了全社会水资源紧缺。鼓励企业按照柠檬酸生产各阶段降温过程对水质、水温要求程度的不同，对各环节管道流向做了调整，使新水按照水温由低到高的流向，有效利用了水的降温效果，节约了降温水资源；同时遵循"循环利用、梯级利用"的原则，生产用水进行了优化和调整，水质达到了多次利用要求。

中水回用技术是柠檬酸行业大生产循环中最重要的节水措施，利用"生物法+膜处理技术"处理柠檬酸废水，处理后的废水，达到工艺用水标准，可以全部中水回用，大大节约了生产中的用水，降低了水资源的消耗。

5.1.2　柠檬酸行业清洁生产取得的成效

近年来，在国家相关政策的指导下，柠檬酸行业内大部分生产企业已认识到节能减排与清洁生产的重要性和必要性，并在清洁生产方面做了大量工作，加大资金投入力度，采用多项清洁生产技术与工艺，不断优化生产工艺、更新生产设备，使得各项生产技术指标得到优化，提高了生产技术水平与污染防治水平，大幅度减少废弃物的产生与排放，行业清洁生产水平不断提高。

2010 年柠檬酸行业的平均产酸率为 13.74%，较 2005 年产酸率提高了 0.9 个百分点，较《发酵行业清洁生产评价指标体系（柠檬酸行业评价指标）》产酸率基准值提高 0.74 个百分点；吨产品平均汽耗为 5.10 t，较 2005 年降低 34.95%，较《发酵行业清洁生产评价指标体系（柠檬酸行业评价指标）》汽耗基准值略高 2%；吨产品平均电耗 1 108 kW·h，较 2005 年下降 27.64%；较《发酵行业清洁生产评价指标体系（柠檬酸行业评价指标）》电耗基准值略高 0.73%；吨产品水耗 35 t，较 2005 年下降 41.76%，较《发酵行业清洁生产评价指标体系（柠檬酸行业评价指标）》水耗基准值下降了 12.5%。

柠檬酸行业清洁生产工作的不断开展与清洁生产技术推广使用使柠檬酸行业能耗、水耗大大降低，污染物的产生与排放大幅度减少，行业清洁生产工作取得了显著成绩。

5.1.3　柠檬酸行业清洁生产存在的问题

（1）企业认识不到位，观念转变难

《中华人民共和清洁生产促进法》已颁布实施 9 年多，然而一些企业，还远未认识到清洁生产对经济发展和环境保护的重要意义，不了解清洁生产为何物，仍抱着末端治理的观念难以转变，缺乏创新。

（2）企业缺乏积极性，市场条件未成熟

企业是市场的主体，它以市场和销售为出发点，并以最大限度和最快速度的赢利为目的。由于现阶段清洁生产产生的环境效益只是间接，而不是直接与企业的市场和销售挂钩，因而企业普遍缺乏积极性，难以形成广泛认同的市场。

（3）与国际先进水平差距较大、自主创新有待提高

我国发酵工业的生产技术、污水处理技术及废弃物综合利用技术与国际先进水平相比差距较大，科技投入不足，新产品产业化能力不强，一些关键技术装备需从国外引进，国产化水平低。例如国内发酵行业分离提取大部分采用离交方法，不仅产生大量离交废液，污染严重，并且分离程度不高，而国外在分离提取方面大都采用膜分离技术水平。膜分离是典型的物理分离过程，不用化学试剂和添加剂，产品不受污染，有效成分损失极少，并且能耗极低，其费用约为蒸发浓缩或冷冻浓缩的 1/3～1/8。现国内使用的膜均来源于国外，成本很高，影响了其在企业中的应用，膜的国产化、自主化问题成为制约膜在国内各行业推广的主要因素。

（4）部分清洁生产技术尚未成熟稳定、有待进一步研究开发

近几年，我国才开始重视清洁生产相关技术的研究开发及新技术的推广及应用，虽有一部分技术已经得到了很好的应用，如：中低浓度废水循环再利用成熟技术、洗糖水等废水再生利用成熟技术、沼气的综合利用技术、固体废弃物的综合利用技术等。但还有部分清洁生产技术还处于试生产或者立项研究中，尚未成熟稳定，不具备大面积推广应用的条件，如新型色谱分离提取技术等。

（5）国家经济激励机制缺乏力度

清洁生产经济激励政策主要包括财政拨款、软贷、排污费返还、提高资源价格、政府补贴、清洁生产技术、进口关税优惠、国家立项拨款等。然而拨款、软贷有限，银行也不愿意长期降低赢利来增加自身的风险，且税收利惠只能是权宜之计，收一时之功。国家相关立项在近几年已经增加不少，但大都支持即将产业化的技术，对于正在处于实验阶段的技术立项较少。

5.2 柠檬酸行业清洁生产潜力分析

5.2.1 柠檬酸行业清洁生产技术

近年来，在国家相关政策的指导下，柠檬酸行业内企业已深刻地认识到节能减排与清洁生产的重要性和必要性，并在行业发展循环经济方面做了大量工作。行业内企业通过加大研发及资金投入力度，不断优化生产工艺、更新生产设备、提高生产水平及产品质量，从而提高原料利用率，减少副产物及废弃物的产生。同时企业提高了节水意识，采用新工艺进行节水技术改造，提高水循环利用率。并投入大量资金对发酵生产过程中产生废水、废渣和废气进行治理和回收利用，取得了显著成绩。目前柠檬酸行业清洁生产技术如下：

（1）柠檬酸行业推广应用的成熟清洁生产技术

在国家政策的指导下，柠檬酸行业中各企业在生产中采用了许多清洁生产技术和措施，这些清洁生产技术和措施包括：改造和驯化现有柠檬酸生产菌种、洗糖水等废水再生利用技术、中低浓度废水循环再利用技术、固体废弃物的综合利用、沼气的综合利用技术、膜处理技术、蒸汽蓄热器的应用、新型降膜蒸发器的应用、蒸汽阶梯综合利用技术、提高发酵罐容积、装配发酵罐变频电机等。上述清洁生产技术已在柠檬酸大型企业中得到普遍应用，并取得了良好的效果，现正在向中小企业进行推广示范。

以北方某大型柠檬酸生产企业（生产能力 10 万 t/a）为例：

该企业 2005 年 t 产品柠檬酸产酸率为 12.9%、总收率为 85.2%、粮耗为 1.917 t、汽耗为 7.68 t、电耗为 1318 kW·h、水耗为 55 t。

2006 年底开展清洁生产审核，并实施清洁生产中/高费方案，在生产过程中采用先进清洁生产技术，如：改造和驯化生产菌种以提高柠檬酸菌种产酸率；提高发酵罐容积来降低单位产品、单位体积能耗，提高发酵效率；装配发酵罐变频电机降低电耗；采用洗糖水等废水再生利用技术、中低浓度废水循环再利用技术，增加水循环利用率，降低产品水耗；采用废水资源综合利用、沼气的综合利用技术、固体废弃物的综合利用技术，不仅降低了产品能耗，提高资源利用率，同时延长产业链，增加了企业的经济效益；采用蒸汽阶梯综合利用技术降低生产中蒸汽消耗。

2010 年，该企业吨产品柠檬酸产酸率为 13.95%，较 2005 年提高了 1.05 个百分点；总收率为 89.12%，较 2005 年提高了 3.92 个百分点；粮耗为 1.89 t，较 2005 年降低了 1.41%，年节约玉米 0.27 万 t；汽耗为 5.2 t，较 2005 年降低了 32.29%，年减少汽耗 24.8 万 t；电耗为 986 kW·h，较 2005 年降低了 25.19%，年减少电耗 3 320 万 kW·h；水耗为 28 t，较 2005 年降低了 49.1%，年减少新鲜水消耗 270 万 t。同时可产生沼气 1 800 万 m^3，采用沼气发电机可发电 3 240 万 kW·h；产生厌氧颗粒污泥 0.6 万 t，按市场价格 1 000 元/t 计算，可获利 600 万元。

（2）柠檬酸行业新型清洁生产技术

现阶段柠檬酸企业采用的生产工艺基本上都是采用钙盐沉淀法，每吨柠檬酸成品要消耗大量硫酸和碳酸钙，同时还产生大量的废气、废水、废渣。

针对以上问题，目前推广新型色谱分离提取技术替代钙盐沉淀法来分离提取柠檬酸。新型色谱分离提取技术是利用模拟色谱分离原理，研究开发新型交换吸附能力强、抗污染能力强的特种连续固定相材料、连续错流变温分离提取工艺技术及自控系统等集成技术，提取分离柠檬酸发酵液中的柠檬酸，从而达到与发酵液中的其他杂质分离的目的，同时实现柠檬酸的清洁生产。新型色谱分离提取技术的提取率大于 98%。该工艺污染物排放小，能够真正实现清洁生产。在实现清洁生产的同时，显著提高了产品质量，大幅降低生产成本。同时大大降低用量水，降低化学品消耗和能耗，提高了整个生产水平，且无固体废渣、废气产生。

以某柠檬酸生产企业（生产能力 5 万 t/a）为例：

该企业采用传统钙盐法工艺生产柠檬酸，吨柠檬酸需消耗约 0.9 t 的硫酸和碳酸钙，产生约 2.2 t 硫酸钙和 0.44 t 二氧化碳，提取工序耗电 150 kW·h，产生和排放废水约 40 t。

采用新型连续移动色谱分离提取技术取代传统钙盐法来分离提取柠檬酸后，吨产品可减少硫酸消耗约 0.9 t、减少碳酸钙消耗 0.9 t，降低电耗 30%（约 45 kW·h），无固体废弃物和二氧化碳排放；减少废水产生和排放约 60%（约 24 t）。该企业每年可减少硫酸与碳酸钙消耗 4.5 万 t，减少硫酸钙产生与排放 11 万 t，减少 CO_2 产生与排放 2 万 t，减少废水产生与排放 120 万 t，降低电耗 225 万 kW·h。

以上对柠檬酸行业清洁生产技术分为成熟清洁生产技术、新型清洁生产技术进行了介绍。成熟清洁生产技术已在柠檬酸大型企业中得到了普遍应用，正在中小企业中进行推广使用。新型清洁生产技术"新型色谱分离提取技术"现处于生产试验阶段，下一步将在大型柠檬酸企业中进行推广示范。

5.2.2　柠檬酸行业清洁生产潜力预测

"十二五"期间，将在柠檬酸行业推广新型色谱分离提取工艺，它解决了传统钙盐沉淀法产生大量硫酸钙和二氧化碳问题，基本实现了硫酸钙和二氧化碳的零排放，降低了化学品消耗和能耗，减少了废水的产生和排放，提高了柠檬酸生产水平，大幅度降低了生产成本。

该技术实施后与传统工艺相比吨产品可节约硫酸约 0.9 t、碳酸钙 0.9 t；降低提取工序电耗 30%（减少电耗 45 kW·h）；无固体废弃物产生（减少产生约 2.2 t 硫酸钙）；减少二氧化碳排放 95%（减少产生二氧化碳 0.42 t）；减少了废水产生和排放约 20%（减少水耗 8 t）；提取收率提高到 97% 以上；产品纯度达到 99% 以上。全行业推广后（保持 2010 年柠檬酸产量 98 万 t 不变，按 50% 计算）每年可节约硫酸约 44.1 万 t；节约碳酸钙约 44.1 万 t；减少电耗约 2 205 万 kW·h；减排硫酸钙 107.8 万 t；减排二氧化碳约 20.58 万 t；减少废水产生和排放 392 万 t。

同时柠檬酸行业还将继续推动菌种的改造驯化工作、中低浓度废水循环再利用技术、蒸汽蓄热器、多效蒸发器、洗糖水等废水再生利用技术、沼气综合利用技术、固体废弃物综合利用技术等成熟清洁生产技术或设备在行业中的应用，并加大清洁生产技术研发与推广力度。柠檬酸行业通过采用各项清洁生产技术，不断优化生产工艺、更新生产设备，行业整体技术水平将有较大提高，柠檬酸行业清洁生产潜力将进一步被开发，预计"十二五"末期柠檬酸行业各项消耗指标与污染物产生量进一步降低。预计"十二五"期间柠檬酸各项指标见表 5.1。

表 5.1　预计"十二五"期间柠檬酸生产各项指标

	总收率/%	产酸率/%	汽耗*/ (t/t 产品)	电耗/ (kW·h/t 产品)	水耗/ (t/t 产品)
2010 年平均水平	88.48	13.74	5.4	1 008	35
预计"十二五"末期 平均水平	90	14.04	4.2	950	25
每吨产品减少消耗	上升 1.52	上升 0.3	1.2	58	10

在保持 2010 年柠檬酸产量 98 万 t 不变的情况下，预计"十二五"末期柠檬酸行业可减少汽耗 117.6 万 t，减少电耗 5 684 万 kW·h，减少废水产生与排放 980 万 t。

第6章　柠檬酸行业清洁生产推进建议

6.1　做好企业清洁生产宣传和培训工作

　　企业是实施清洁生产的主体，要实现"环境效益"和"经济效益"的双赢，企业管理者的认识是最重要的影响因素，要组织对企业管理人员和技术骨干进行清洁生产培训，提高他们对清洁生产的管理水平，使他们明确清洁生产的重要意义和必要性，提高开展清洁生产的积极性和自觉性，使清洁生产成为企业的自觉行为，清洁生产才会有旺盛的生命力。

6.2　以清洁生产审核为切入点，有效推进行业清洁生产

　　经过几年的整合和环保核查，对柠檬酸行业企业信息掌握翔实，企业现有的工艺、技术、设备及资源利用、污染物排放指标清晰明了，开展清洁生产审核具有良好的基础。国家和政府部门应该充分发挥企业技术人员的优势，组织所有企业管理者和技术骨干进行柠檬酸行业清洁生产审核方法学的培训，让企业自行来开展，以此为突破口，鼓励企业挖掘自身清洁生产潜力，积极有效地提出清洁生产方案，通过方案实施，从根本上提高企业清洁生产水平。

6.3　充分发挥行业协会优势，建立柠檬酸行业清洁生产技术咨询服务支撑体系

　　搭建行业清洁生产推广服务平台，充分发挥和丰富协会职能，建立健全行业清洁生产服务机制，在国家和企业之间发挥上传下达的作用。一是要针对行业清洁生产发展状况及国家产业政策调整，及时给企业进行解读和预警，使企业能够及时调整发展思路，准确把握政策和市场变化，帮助企业实施清洁生产；二是要以企业需求和行业共性问题为导向，反向集成清洁生产技术资源，实现效益最大化，有利于先进的清洁生产技术成果面向全行业的推广应用；三是要充分发挥行业的专业优势，组织既有行业背景又掌握清洁生产审核方法学技能的专家，建立针对柠檬酸行业关键共性问题的清洁生产方案库，实施行业内的推广和实践，帮

助提升企业清洁生产水平。

6.4　树立企业典范，积极推广清洁生产技术

近几年柠檬酸行业节能减排效果明显，清洁生产水平有明显提升，究其根源龙头企业加强技术研发、开拓和带动至关重要。这些企业采用先进清洁生产技术和设备进行生产并产生了良好效益，通过建立示范工程，充分发挥典范推广效果，有效增加行业内其他企业对先进清洁生产技术和设备的了解和认识，从而加快先进清洁生产技术和设备的推广，带动和提升整个行业清洁生产水平，今后国家应该积极支持、鼓励有实力的企业加快技术创新和研发，促使这些企业尽快在生产中采用新型色谱分离提取技术替代传统钙盐法提取技术，实现资源高效利用、污染物减降的"双赢"效果，为其他企业树立清洁生产推进典范。

6.5　加大清洁生产专项资金和财政、税收支持力度

国家目前虽然建立了清洁生产技术推广示范资金，但是其资金支持力度小，覆盖范围窄，还是杯水车薪，广大的中小企业远远不能享受这部分资金支持，通过清洁生产审核提出的清洁生产中/高费方案涉及生产工艺、技术、设备的改进，资金投入是必要保证。国家应安排专门的清洁生产财政资金，资助行业关键、共性的清洁生产技术、产品、设备的开发与推广，推动全社会实施清洁生产。对清洁生产中的资源综合利用、节能降耗等项目和利用"三废"生产的产品按照国家有关规定给予税收优惠；对符合国家资源综合利用税收优惠政策规定条件的，经认定后，税务部门予以办理减免税；对实施清洁生产技术开发和技术转让所得收入可按国家有关规定享受减免税收优惠；对技改项目中国内不能生产而直接用于清洁生产的进口设备、仪器和技术资料，可以享受国家有关进口税减免优惠政策。

6.6　加强企业清洁生产制度建设，依法推进企业实施清洁生产

企业是清洁生产的主体，要逐步转变企业管理者观念，提高其对清洁生产的认识，真正把实施清洁生产作为提高企业整体素质和增强企业竞争力的一项重要措施来抓。企业应建立健全清洁生产组织机构，明确清洁生产项目，并纳入企业发展规划，做到依法自觉实施清洁生产；有条件的企业，在自愿的原则下应开展环境管理体系认证，从而从环境管理上促进清洁生产的实施，提高清洁生产水平；应实行企业清洁生产领导责任制，做到层层负责、责任到人，努力提高职工清洁生产意识和技能，建立规章制度，加强企业管理，推进清洁生产的实施。

附录1　达到环保要求的柠檬酸（盐）生产企业名单（2批）

附录1-1　2012年环境保护部36号公告

环境保护部公告

2012 年第 36 号

关于发布符合环保要求的柠檬酸企业名单（第 1 批）的公告

为贯彻落实《国家发展改革委 环境保护部关于 2010 年玉米深加工在建项目清理情况的通报和开展玉米深加工调整整顿专项行动的通知》（发改产业[2011]1129 号），我部于 2011 年 11 月印发了《关于开展柠檬酸、味精生产企业环保核查工作的通知》（环办函[2011]1272 号），组织开展柠檬酸企业环保核查工作。经中国生物发酵产业协会、各企业所在地省级环境保护行政主管部门以及环境保护部环保督查中心现场检查和社会公示，我部形成了第 1 批符合环保要求的柠檬酸企业名单，现予以公告（名单见附件）。

对于未列入本批公告的不符合环保法律法规要求的现有柠檬酸企业，各级环保部门要加大现场执法检查力度，特别是对环境污染严重、环境安全隐患突出、群众反映强烈的企业，要依法处罚，采取挂牌督办和限期治理等措施，督促企业尽快符合环保法律法规要求。

附件：符合环保要求的柠檬酸企业名单（第 1 批）

二〇一二年六月二十九日

主题词：环保 柠檬酸 合规 公告
发送：各省、自治区、直辖市环境保护厅（局），新疆生产建设兵团环境保护局，环境保护部各环境保护督查中心，国家发展和改革委员会，工业和信息化部，商务部，人民银行，国资委，海关总署，税务总局，银监会，证监会，电监会，中国生物发酵产业协会，各有关企业。

附件：符合环保要求的柠檬酸企业名单（第 1 批）

1. 山东柠檬生化有限公司
2. 日照鲁信金禾生化有限公司
3. 日照金禾博源生化有限公司
4. 莱芜泰禾生化有限公司
5. 潍坊英轩实业有限公司
6. 青岛扶桑精制加工有限公司
7. 嘉利（青岛）食品添加剂有限公司

附录 1-2　2013 年环境保护部 10 号公告

环境保护部公告

2013 年第 10 号

关于发布符合环保法律法规要求的柠檬酸企业名单（第 2 批）的公告

　　为贯彻落实《国家发展改革委　环境保护部关于 2010 年玉米深加工在建项目清理情况的通报和开展玉米深加工调整整顿专项行动的通知》（发改产业[2011]1129 号），我部于 2011 年 11 月印发了《关于开展柠檬酸、味精生产企业环保核查工作的通知》（环办函[2011]1272 号），组织开展柠檬酸企业环保核查工作。经中国生物发酵产业协会、各企业所在地省级环境保护行政主管部门以及环境保护部各督查中心现场检查和社会公示，我部形成了第 2 批符合环保法律法规要求的柠檬酸企业名单，现予以公告（名单见附件）。

　　附件：符合环保法律法规要求的柠檬酸企业名单（第 2 批）

环境保护部

2013 年 2 月 5 日

附件：符合环保法律法规要求的柠檬酸企业名单（第 2 批）

1. 宜兴协联生物化学有限公司
2. 江苏雷蒙化工科技有限公司
3. 宜兴市振奋药用化工有限公司
4. 中粮生物化学（安徽）股份有限公司
5. 安徽丰原马鞍山生物化学有限公司
6. 蓬莱市海洋生物有限公司
7. 莒县宏德柠檬酸有限公司
8. 黄石兴华生化有限公司
9. 湖南洞庭柠檬酸化学有限公司
10. 云南燃二化工有限公司
11. 石河子市长运生化有限责任公司

附录2 柠檬酸行业典型工艺清洁生产方案汇总表

柠檬酸行业典型工艺清洁生产方案汇总表

方案类型	方案编号	方案名称	方案内容	预计投资/万元	环境效果
原辅材料	1	"即时进料"	采用"即时进料"定货制度，订购的材料是根据需要确定，保持定量的库存，需要时进料	—	减少原料的囤积量，而造成不必要的管理投入与废物产生
	2	进厂原料标日期	将进料日期标在盛装容器上，先使用进货日期早的物料，并定期检查材料贮存量	—	减少因管理不善，造成的原辅料过期造成的浪费
	3	酸抽复滤过滤介质改进	粗提酸抽复滤原使用硅藻土助滤剂改用硅藻土与珍珠岩混合使用。原硅藻土单耗 2.8kg/t 产品，现硅藻土单耗 1.25 kg/t 产品，珍珠岩单耗 1.25 kg/t 产品	—	产品质量稳定提高，操作易控制，减少污染物排放
	4	更换碳酸钙包装	将碳酸钙包装由原来小包装换成大包装。大包装由叉车装卸，投料只需 1 名工人，包装袋可循环使用，减少包装费用	4.5	提高工作效率，减少了工作过程中粉尘量，包装袋循环使用，减少了环境污染
	5	容器远离设备	堆放容器避免靠着工艺设备，按制造商要求操作和使用所有的物料	—	减少因设备腐蚀与维护机会
能源	6	实施锅炉改造，充分利用高压蒸汽	实施锅炉改造、提高锅炉热效，降低锅炉煤耗，然后利用汽轮机机组发电补充柠檬酸生产用能或利用蒸汽带动大型电机直接减少大型设备用电，最后成分利用完毕的蒸汽供柠檬酸生产使用	100	降低生产能耗
	7	充分利用沼气热能、减少沼气二次污染	将废水厌氧处理过程中产生的沼气经脱硫生化反应器，将找其中有害硫化物分解成单质硫，再将沼气替代燃煤用于锅炉燃烧产生蒸汽或通过沼气发电机组发电，供柠檬酸生产使用	300	减少沼气燃烧产生污染，降低柠檬酸生产能耗

方案类型	方案编号	方案名称	方案内容	预计投资/万元	环境效果
能源	8	将蒸汽阶梯综合利用	改变蒸汽热能只用于发酵灭菌的方式，采取蒸汽梯次利用方法，将蒸汽先用于汽轮机带动空压机压缩空气供给发酵罐使用，节约空压机电耗，做功后的蒸汽用于发酵灭菌使用，然后蒸汽一部分用于对超滤发酵母液浓缩蒸发，回收超滤废液，一部分通往溴化锂压缩机提供热能	30	大幅度降低了产品能耗
技术工艺改进	9	将玉米制成淀粉作为原料，其余部分综合利用	将玉米破碎后分离成玉米纤维、玉米胚芽、玉米蛋白、淀粉，淀粉生产柠檬酸，其余部分分别加以利用，使玉米综合利用率达到98%以上，提高产品附加值	90	提高玉米综合利用率，降低产品粮耗
	10	优化木薯与处理工艺	通过加酶对木薯浆料进行预处理，改善木薯料液过滤性能，实现木薯清液发酵，从而提高木薯发酵水平，并降低产品产排污	60	提高木薯发酵水平，降低吨产品能耗、水耗、粮耗及产排污量
	11	粗提滤机冲洗水改进	用淡酸冲洗酸抽滤机与洗糖滤机底座，不直接用水冲洗，减少废水排放量，节省治污费	0.2	减少用水量，减少废水产生与排放
	12	酸抽滤机与洗糖滤机上三级洗水加上滤布遮挡	在滤机上三个分水盒上加上一块滤布，防止三级洗水在滤机未完全抽洗完时混合，造成洗涤不干净，造成物料流失与用水增加。用水降低，物料洗涤干净流失少，提高淡酸浓度，提高钙盐调浆浓度，降低后工段用蒸汽；降低硫酸钙泥带走残酸，收率提高0.1%	0.1	降低水耗与汽耗，减少废水产生与排放，提高产品质量
	13	发酵罐外加消泡剂改造	能够有效地抑制发酵过程中产生泡沫，避免发酵异常	1	避免发酵异常，提高生产效率
	14	玉米液化喷射系统改造	提高液化质量，降低了湿糖渣水分，降低了烘干用蒸汽消耗，同时延长了液化液层流时间，提高了液化质量，保证了发酵车间发酵正常	5	提高液化质量，降低了湿糖渣水分，降低生产粮耗与汽耗
	15	发酵罐内搅拌齿改造	将发酵罐内原箭叶式搅拌齿改造成浆叶式搅拌齿，这样搅拌转动时阻力小，节约电耗	10	节约发酵罐搅拌电机耗电量

方案类型	方案编号	方案名称	方案内容	预计投资/万元	环境效果
技术工艺改进	16	发酵罐外增加水喷淋系统辅助降温	在发酵罐外圈加上一圈水喷淋系统，在发酵罐外辅助降温。能够极大缓解发酵罐难降温的矛盾，保证正常生产，按使用后的效果，可提高产酸0.5%	2	节约冷却用水，并提高产酸率
	17	发酵冷却塔二级降温	将冷却塔串联进行二级降温。提高降温效率，可使水温降低2kW·h，节约循环泵用电	4	提高降温效率，节约循环泵用电量
	18	发酵风量改进	发酵不同时间段的风量及时调节，降低空压机的负荷进而降低电耗	—	减少耗电量
	19	发酵空压机过滤器改造	将发酵空压机增加无纺布过滤套	1	阻截灰尘，改善了空气质量，保证了发酵正常，减少了空压机气阀磨损
	20	冷却水封闭循环回收	将生产中产生的冷凝水、冷却水封闭循环使用，减少了新鲜水的消耗，降低废水排放	10	降低水耗，减少废水产生于排放
	21	阶梯水循环利用	将温度较低的新水用于结晶等工序降温；将温度较高降温水供给其他生产环节；将冷却器冷却水及各种泵冷却水降温后循环利用；发酵工序产生的废水可部分用于柠檬酸钙洗水、碳酸钙调浆及发酵菌丝渣板框调浆	15	降低水耗，减少废水产生于排放
设备维护更新	22	粗提洗糖滤机排水液封与排水罐改造	洗糖滤机排水液封与排水罐改造，增加真空旋风分离器，排液罐提高高度增大落差。提高了钙盐调浆浓度，增加钙盐产出	20	提高了产品质量，产品易碳指标下降，并降低电耗
	23	碳酸钙调浆桶改造	粗提碳酸钙调浆桶加压力传感器液位满时自动报警	0.02	减少碳酸钙从桶中流出，减少冲洗地面次数，保持车间卫生，减少废水产生与排放
	24	粗提酸抽增加止回阀	粗提酸抽打淡酸泵出口加一个止回阀，避免因淡酸回流倒转产生叶轮松动	0.04	节省维修费用，减少生产中跑冒滴漏，防治污染产生，减轻劳动强度
	25	增加Y型过滤器	在母液罐管道进口加一Y型过滤器。节省泵与板换维修费；减轻劳动强度	0.05	提高产品质量，节省泵与板换维修费；减轻劳动强度

方案类型	方案编号	方案名称	方案内容	预计投资/万元	环境效果
设备维护更新	26	粉碎机改造	增大粉碎机进气筛网孔径，既能防止杂物进入粉碎机，又能提高高压风机效率，单位时间内，电流不变的情况下，产量可得到提高，从而降低了单位产品的电耗	0.6	节约耗电
	27	柠檬酸钠增加双效板式蒸发器	增加双效板式蒸发器，将柠檬酸钠中和液含量从40%左右浓缩到60%左右再进结晶蒸发器，提高了柠檬酸钠产量，节省蒸汽	210	节约用汽量
	28	完善计量器具	对车间各种仪表和计量器具进行完善，严格做到定额消耗	—	节约各项资源能源消耗
废物回收利用	29	洗糖工段钙盐调浆用水改造	粗提洗糖钙盐调浆由原来用水改用酸抽工段淡酸	1.5	提高酸解液酸度，为后工段浓缩节约蒸汽
	30	提取工序产生的硫酸钙废渣用于建筑石膏粉生产	提取工艺产生的硫酸钙废渣中水含量35%左右，硫酸钙纯度达95%以上。废渣通过调浆、离心脱水后可直接用于水泥添加剂，再经过烘干、煅烧、球磨等工序可直接生产建筑石膏粉	—	减少固体废弃物排放
	31	精致工序产生的废碱可用来回收提取工序产生的二氧化碳及酸解废气	柠檬酸提取中和工序产生大量的二氧化碳，硫酸酸解工序产生大量酸解废气，主要成分为二氧化硫、三氧化硫等。这些废气目前主要采用碱吸收法进行处理，阴离子交换树脂再生产生的大量废碱可直接作为吸收用碱用于这两部分废气的处理	—	减少生产中碱消耗和废碱与废气排放
	32	精致工序产生的废盐酸可用来生产氯化钙	阳离子交换树脂再生产生的大量废盐酸可以首先与碳酸钙反应生成氯化钙，然后利用氯化钙回收柠檬酸钠废母液中的柠檬酸，这样不仅解决了精致工序废盐酸的污染，而且取得了一定的经济效益	—	减少了污染物的排放
	33	管束烘干机烘干尾气综合利用改造	将发酵约50℃降温水在烘干洗涤塔中与管束尾气混合进行升温到约85℃，再返回发酵车间通过两台板式换热器将发酵液升温，水温度降到59℃左右，然后将此部分水输送到粉碎工段投料用，完成了烘干尾气回收利用，降低了发酵蒸汽消耗	160	节约蒸汽消耗

方案类型	方案编号	方案名称	方案内容	预计投资/万元	环境效果
废物回收利用	34	利用废糖水培养酵母	分离柠檬酸后的滤液又称废糖水,其中含有相当多的残糖、有机酸、钙沉淀物等,COD 浓度较好,污染较严重。将其用来培养饲料酵母,可降低 COD 浓度,减轻污染,并可获得一定经济效益	25	减少污染物排放
	35	离交废水回收	将离交处理柱子最后的反冲水回收,在下一次处理离交柱时开始时首先使用,节省用水	20	节约新鲜水消耗,从而减少废水排放
	36	酸抽复滤冲洗水改造	粗提酸抽复滤板框冲洗水改用酸抽工段淡酸	0.1	提高钙盐调浆浓度,节约蒸汽消耗,减少废水产生与排放
管理	37	实行目标管理	将各项指标分解,人人有指标,各层经理、部门主管、每个职工都责任分明,目标明确	—	提高工作效率,增加经济效益
	38	加强原辅材料管理	原辅料质量对生产稳定性及产品质量都有很大的影响,玉米进厂时不合格的退回农户	—	提高原料的利用率,减少废物的产生
	39	加强员工对清洁生产的学习	组织对中高层领导的清洁生产审核知识培训,并以考卷的形式对中高层领导进行清洁生产知识考核,通过在黑板报、报刊刊登清洁生产知识	—	加强员工对清洁生产的理解,增强员工清洁生产意识
	40	健全管理制度、完善规章	设立专门的管理机构,配备必要的人员,制定、修改、健全规章制度	—	—
	41	加强安全管理保障生产安全	配备人员,完善安全生产管理体系及生产安全管理	—	减少安全隐患,降低安全风险
	42	车间用水用电管理	杜绝车间"常流水"现象发生,对每位员工明确责任,提高员工节约意识,并对损坏设备及时更换	—	年节约用水用电
	43	规范岗位操作规程	规范岗位操作规程导入 ISO 9001 质量管理体系,加强内部管理,严格执行工艺操作	—	提高工作效率,保证产品质量
	44	优化班组管理,建立奖惩制度	建立激励机制,采取经济奖惩措施,提高基层干部职工的工作积极性及技能,以达到节能、降耗、减污、增效的目的	—	提高员工的工作积极性
	45	加强环境保护知识宣传	结合清洁生产审核工作,利用宣传栏和培训对员工进行环境污染及清洁生产知识的讲解,增强员工的环境保护意识	—	增强员工的环境保护意识

附录3　柠檬酸行业清洁生产相关技术指导文件

附录3-1　国家重点行业清洁生产技术导向目录（第三批）

《国家重点行业清洁生产技术导向目录（第三批）》

（国家发展和改革委员会、国家环保总局，2006.11.27）

序号	技术名称	适用范围	主要内容	主要效果
1	利用焦化工艺处理废塑料技术	钢铁联合企业焦化厂	利用成熟的焦化工艺和设备，大规模处理废塑料，使废塑料在高温、全封闭和还原气氛下，转化为焦炭、焦油和煤气，使废塑料中有害元素氯以氯化铵可溶性盐方式进入炼焦氨水中，不产生剧毒物质二噁英（Dioxins）和腐蚀性气体，不产生二氧化硫、氮氧化物及粉尘等常规燃烧污染物，实现废塑料大规模无害化处理和资源化利用	对原料要求低，可以是任何种类的混合废塑料，只需进行简单破碎加工处理。在炼焦配煤中配加2%的废塑料，可以增加焦炭反应后强度3%～8%，并可增加焦炭产量
2	冷轧盐酸酸洗液回收技术	钢铁酸洗生产线	将冷轧盐酸酸洗废液直接喷入焙烧炉与高温气体接触，使废液中的盐酸和氯化亚铁蒸发分解，生成 Fe_2O_3 和 HCl 高温气体。HCl 气体从反应炉顶引出、过滤后进入预浓缩器冷却，然后进入吸收塔与喷入的新水或漂洗水混合得到再生酸，进入再生酸贮罐，补加少量新酸，使 HCl 含量达到酸洗液浓度要求后回酸洗线循环使用。通过吸收塔的废气送入收水器，除水后由烟囱排入大气。流化床反应炉中产生的氧化铁排入氧化铁料仓，返回烧结厂使用	此技术回收废酸并返回酸洗工序循环使用，降低了生产成本，减少了环境污染。废酸回收后的副产品氧化铁（F_2O_3）是生产磁性材料的原料，可作为产品销售，也可返回烧结厂使用

序号	技术名称	适用范围	主要内容	主要效果
3	焦化废水A/O生物脱氮技术	焦化企业及其他需要处理高浓度COD、氨氮废水的企业	焦化废水 A/O 生物脱氮是硝化与反硝化过程的应用。硝化反应是废水中的氨氮在好氧条件下，被氧化为亚硝酸盐和硝酸盐；反硝化是在缺氧条件下，脱氮菌利用硝化反应所产生的 NO_2^- 和 NO_3^- 来代替氧进行有机物的氧化分解。此项工艺对焦化废水中的有机物、氨氮等均有较强的去除能力，当总停留时间大于 30 h 后，COD、BOD 和 SCN^- 的去除率分别为 67%、38% 和 59%，酚和有机物的去除率分别为 62% 和 36%，各项出水指标均可达到国家污水排放标准	工艺流程和操作管理相对简单，污水处理效率高，有较高的容积负荷和较强的耐负荷冲击能力，减少了化学药剂消耗，减轻了后续好氧池的负荷及动力消耗，节省运行费用
4	高炉煤气等低热值煤气高效利用技术	钢铁联合企业	高炉等副产煤气经净化加压后与净化加压后的空气混合进入燃气轮机混合燃烧，产生的高温高压燃气进入燃气透平机组膨胀做功，燃气轮机通过减速齿轮传递到汽轮发电机组发电；燃气轮机做功后的高温烟气进入余热锅炉，产生蒸汽后进入蒸汽轮机做功，带动发电机组发电，形成煤气-蒸汽联合循环发电系统	该技术的热电转换效率可达 40%～45%，接近以天然气和柴油为燃料的类似燃气轮机联合循环发电水平；用相同的煤气量，该技术比常规锅炉蒸汽多发电 70%～90%，同时，用水量仅为同容量常规燃煤电厂的 1/3，污染物排放量也明显减少
5	转炉负能炼钢工艺技术	大中型转炉炼钢企业	此项技术可使转炉炼钢工序消耗的总能量小于回收的总能量，故称为转炉负能炼钢。转炉炼钢工序过程中消耗的能量主要包括氧气、氮气、焦炉煤气、电和使用外厂蒸汽，回收的能量主要是转炉煤气和蒸汽，煤气平均回收量达到 90 m^3/t 钢；蒸汽平均回收量 80 kg/t 钢	吨钢产品可节能 23.6 kg 标准煤，减少烟尘排放量 10 mg/m^3，有效地改善区域环境质量。我国转炉钢的比例超过 80%，推广此项技术对钢铁行业清洁生产意义重大
6	新型顶吹沿没喷枪富氧熔池炼锡技术	金属锡冶炼企业	该技术将一根特殊设计的喷枪插入熔池，空气和粉煤燃料从喷枪的末端直接喷入熔体中，在炉内形成一个剧烈翻腾的熔池，强化了反应传热和传质过程，加快了反应速度，提高了熔炼强度	该技术熔炼效率高，是反射炉的 15～20 倍，燃煤消耗降低 50%；热利用效率高，每年可节约燃料煤万吨以上；环保效果好，烟气总量小，可以有效地脱除二氧化硫

序号	技术名称	适用范围	主要内容	主要效果
7	300kA 大型预焙槽加锂盐铝电解生产技术	大型预焙铝电解槽	在铝电介质预焙槽电解工艺中加入锂盐，降低电解质的初晶点，提高电解质导电率，降低电解质密度，使生产条件优化，产量提高	大型预焙槽添加锂盐后，电流效率明显提高，每吨铝直流电单耗下降 368kW·h、氟化铝单耗下降 8.51 kg，槽日产提高 55.69 kg
8	管-板式降膜蒸发器装备及工艺技术	氧化铝生产行业	采取科学的流场和热力场设计，开发应用方管结构，改善了受力状况，提高蒸发效率的同时大幅度降低制造费用；利用分散、均化技术，简化布膜结构，实现免清理；利用蒸发表面积和合理的结构配置，实现了汽水比 0.21～0.23 的国际领先水平，大幅度降低了系统能耗；引入外循环系统改变蒸发溶液参数，从而避免了碳酸钠在蒸发器内结晶析出	氧化铝的单位汽耗由原来的 6.04 t 降到 4.10 t，年均节煤 8 万 t 以上，年均节水 200 万 t，同时减排污水 230 万 t
9	无钙焙烧红矾钠技术	红矾钠生产企业	将铬矿、纯碱与铬渣粉碎至 200 目后，按配比在回转窑中高温焙烧，使 $FeO \cdot Cr_2O_3$ 氧化成铬酸钠。将焙烧后的熟料进行湿磨、过滤、中和、酸化，使铬酸钠转化成红矾钠，并排出芒硝渣，蒸发（酸性条件）后得到红矾钠产品	与传统有钙焙烧红矾钠工艺相比，无钙焙烧工艺不产生致癌物铬酸钙，每吨产品的排渣量由 2 t 降到 0.8 t，渣中 Cr^{+6} 含量由 2% 降低到 0.1%
10	节能型隧道窑焙烧技术	烧结墙体材料行业	以煤矸石或粉煤灰为原料，使用宽断面隧道窑"快速焙烧"工艺，设置快速焙烧程序和"超热焙烧"过程，实现降低焙烧周期，提高能源利用效率	砖瓦焙烧周期由 45～55 h 降低为 16～24 h。置换出来的热量得到充分利用，热利用率达 67%，热工过程节能效率达 40%
11	煤粉强化燃烧及劣质燃料燃烧技术	建材、冶金及化工行业回转窑煤粉燃烧	该技术采用了热回流技术和浓缩燃烧技术，有效地实现"节能和环保"。由于强化回流效应，使煤粉迅速燃烧，特别有利于烧劣质煤、无烟煤等低活性燃料，因此可采用当地劣质燃料，促进能源合理使用，提高资源利用效率。一次风量小，节能显著	对煤种的适应性强，可烧灰分 35% 的劣质煤，降低一次风量的供应，一次风量占燃烧空气量小于 7%；NO_x 减少 30% 以上
12	少空气快速干燥技术	陶瓷、电瓷、耐火材料、木材、墙体材料生产企业	采用低温高湿方法，使湿坯体在低温段由于坯体表面蒸气压的不断增大，阻碍外扩散的进行，吸收的热量用于提升坯体内部温度，提高内扩散速度，使预热阶段缩短。等速干燥阶段借助强制排水的方法，进一步提高干燥的效率，达到快速干燥目的	干燥周期缩短至 6～8 h，节能 50% 以上。干燥占地面积减少 1/2，产品合格率提高 5%

序号	技术名称	适用范围	主要内容	主要效果
13	石英尾砂利用技术	硅质原料生产企业	新型提纯石英尾砂的"无氟浮选技术"，精砂产率高、质量好、无二次氟污染，产品广泛用于无碱电子玻纤、高白料玻璃器皿及装饰玻璃、电子级硅微粉等行业，同时解决了石英尾砂综合利用的问题。此工艺产生的废水经处理后返回生产过程循环使用	此项技术可解决石英尾砂占地和随风飞沙造成的环境污染问题
14	水泥生产粉磨系统技术	水泥原料、熟料、矿渣、钢渣、铁矿石等物料粉磨工艺	采用"辊压机浮动压辊轴承座的摆动机构"和"辊压机折页式复合结构的夹板"专利技术，设计粉磨系统，可大幅降低粉磨电耗，节约能源，改善产品性能	水泥产量大幅度提高，单位电耗下降约 20%
15	水泥生产高效冷却技术	水泥生产企业	将篦床划分成为足够小的冷却区域，每个区域由若干封闭式篦板梁和盒式篦板构成的冷却单元（通称"充气梁"）组成，用管道供以冷却风。这种配风工艺可显著降低单位冷却风量，提高单位篦面积产量。另一特点是降低料层阻力的影响，达到冷却风合理分布，进一步提高冷却效率	与二代篦冷机相比，新篦冷系统热耗降低 25～30 kcal/kg.cl（熟料），降低熟料总能耗3%（冷却系统热耗约占熟料总能耗的15%）
16	水泥生产煤粉燃烧技术	新型干法水泥生产线	煤粉燃烧系统是水泥熟料生产线的热能提供装置，主要用于回转窑内的煤粉燃烧。此技术可用各种低品位煤种，利用不同风道层间射流强度的变化，在煤粉燃烧的不同阶段，控制空气加入量，确保煤粉在低而平均的过剩系数条件下完全燃烧，有效控制一次风量，同时减少有害气体氮氧化物的产生	提高水泥熟料产量 5%～10%，提高熟料早期强度 3～5MPa，单位熟料节省热耗约2%
17	玻璃熔窑烟气脱硫除尘专用技术	浮法玻璃、普通平板玻璃、日用玻璃生产企业	以氢氧化镁为脱硫剂，与溶于水的 SO_2 反应生成硫酸镁盐，达到脱去烟气中 SO_2 的目的。经净化后的烟气，在脱硫除尘装置内进行脱水。脱水后的烟气，不会造成引风机带水、积灰和腐蚀	脱硫效率 82.9%，除尘效率 93.5%

序号	技术名称	适用范围	主要内容	主要效果
18	干法脱硫除尘一体化技术与装备	燃煤锅炉和生活垃圾焚烧炉的尾气处理	向含有粉尘和二氧化硫的烟气中喷射熟石灰干粉和反应助剂，使二氧化硫和熟石灰在反应助剂的辅助下充分发生化学反应，形成固态硫酸钙（$CaSO_4$），附着在粉尘上或凝聚成细微颗粒随粉尘一起被袋式除尘器收集下来。此工艺的突出特点是集脱硫、脱有害气体、除尘于一体，可满足严格的排放要求	能有效脱除烟气中粉尘、SO_2、NO_x 等有害气体，粉尘排放浓度＜50 mg/Nm，SO_2 排放浓度＜200 mg/Nm，NO_x 排放浓度＜300 mg/Nm，HCl 及重金属含量满足国家排放标准
19	煤矿瓦斯气利用技术	煤矿瓦斯气丰富的大型矿区	把目前向大气直排瓦斯气改为从矿井中抽出瓦斯气，经收集、处理和存储，调压输送到城镇居民区，提供生活燃气	节约能源，减少因燃煤产生的环境污染
20	柠檬酸连续错流变温色谱提纯技术	柠檬酸生产企业	采用弱酸强碱两性专用合成树脂吸附发酵提取液中的柠檬酸。新工艺用 80℃左右的热水，从吸附了柠檬酸的饱和树脂上将柠檬酸洗脱下来。用热水代替酸碱洗脱液，彻底消除酸污染、碱污染。废糖水循环发酵，提高柠檬酸产率，基本消除废水排放，柠檬酸收率大于 98%，产品质量明显提高	柠檬酸产率提高 10%，每吨柠檬酸产生的废水由 40 t 下降为 4 t，并无固体废渣和废气产生
21	香兰素提取技术	香兰素生产	从化学纤维浆废液中提取香兰素。基本原理是利用纳滤膜不同分子量的截止点，在压力作用下使化学纤维浆废液中低分子量的香兰素（152 左右）几乎全部通过，而大分子量（5 000 以上）的苏质素磺酸钠和树脂绝大部分留存，将香兰素和木质素分开，使香兰素产品纯度提高	香兰素提取率从 80%提高到 95%以上，半成品纯度由 65%提高到 87%，工艺由原传统的 18 道简化为 9 道
22	木塑材料生产工艺及装备	木塑型材、板材的生产	利用废旧塑料和木质纤维（木屑、稻壳、秸秆等）按一定比例混合，添加特定助剂，经高温、挤压、成型可生产木塑复合材料。木塑材料具有同木材一样的良好加工性能，握钉力优于其他合成材料；具有与硬木相当的物理机械性能；可抗强酸碱、耐水、耐腐蚀、不易被虫蛀、不长真菌，其耐用性明显优于普通木质材料	由于采用的原料 95%以上为废旧材料，实现废物利用和资源保护，所加工的产品也可回收再利用

序号	技术名称	适用范围	主要内容	主要效果
23	超级电容器应用技术	可替代铅酸电池，为电动车辆提供动力电源	超级电容器是采用电化学技术，提高电容器的比能量（Wh/kg）和比功率（W/kg）制成的高功率电化学电源，有牵引型和启动型两类。牵引型电容器比能量 10 Wh/kg，比功率 600 W/kg，循环寿命大于 50 000 次，充放电效率大于 95%。启动型电容器比能量 3 Wh/kg，比功率 1 500 W/kg，循环寿命大于 20 万次，充放电效率大于 99%	超级电容器是一种清洁的储能器件，充电快、寿命长，全寿命期的使用成本低，维护工作少，对环境不产生污染，可取代铅酸电池作为电力驱动车辆的电源
24	对苯二甲酸的回收和提纯技术	涤纶织物碱减量工艺	采用在一体化设备内，采用二次加酸反应，经离心分离后，回收粗对苯二甲酸。粗对苯二甲酸含杂质 12%～18%，经提纯后，含杂量低于 1.5%，可以直接与乙二醇合成制涤纶切片。对苯二甲酸的回收率大于 95%（当浓度以 COD 计大于 20 000 mg/L 时）。处理后尾水呈酸性，可以中和大量碱性印染废水	以每天处理废水 100 t 的碱减量回收设备为例，处理每吨废水电耗 1～1.5kW·h，回收粗对苯二甲酸约 2 t
25	上浆和退浆液中 PVA（聚乙烯醇）回收技术	纺织上浆、印染退浆工艺	上浆废水和退浆废水都是高浓度有机废水，其化学需氧量（COD）高达 4 000～8 000 mg/L。目前主要浆料是 PVA（聚乙烯醇），它是涂料、浆料、化学浆糊等主要原料，此项技术利用陶瓷膜"亚滤"设备，浓缩、回收 PVA 并加以利用，同时减少废水污染	上浆、退浆液中 PVA（聚乙烯醇）回收技术的应用，可以大幅度削减 COD 负荷，使印染厂废水处理难度大为降低，同时回收了资源，可以生产产品，达到清洁生产和资源回收目标，具有重要意义
26	气流染色技术	织物印染	有别于常规喷射溢流染色，气流染色技术采用气体动力系统，织物由湿气、空气与蒸汽混合的气流带动在下专用管路中运行，在无液体的情况下，织物在机内完成染色过程，当中无须特别注液	与传统喷射染色技术相比，气流染色技术具有超低浴比，大量减少用水、减少化学染料和助剂用量，并缩短染色时间，节省能源，产品质量明显提高
27	印染业自动调浆技术和系统	纺织印染企业	通过计算和自动配比，用工业控制机自动将对应阀门定位到电子称上，并按配方要求来控制阀门加料，实现自动调浆，达到高精度配比	应用此项技术可节省水、能源，减少染化料消耗，降低打样成本，提高生产效率 30%

序号	技术名称	适用范围	主要内容	主要效果
28	畜禽养殖及酿酒污水生产沼气技术	大型畜禽养殖场，发酵酿酒厂废水处理	经固液分离的畜禽养殖废水、发酵酿酒废水在污水处理厂沉淀后，进行厌氧处理，副产沼气，再经耗氧处理后，达标排放。沼气经气水分离以及脱硫处理以后送储气柜，通过管网引入用户，作为工业或民用燃料使用	采用此项技术可将沼气收集起来，经处理后储存在储气柜内，通过管网引入用户，作为工业或民用染料使用。同时还有效地减少污水处理中产生沼气（属危害严重的温室气体）排放到大气中的数量

附录 3-2　发酵行业清洁生产技术推行方案

发酵行业清洁生产技术推行方案

工信部节[2010]104 号

一、总体目标

1. 味精行业主要目标

至 2012 年，味精吨产品能耗平均约 1.7 t 标煤，较 2009 年下降 10.5%，全行业降低消耗 52 万 t 标煤/a；新鲜水消耗降至 1.1 亿 t/a；年耗玉米降至 425 万 t/a；废水排放量降至 1.05 亿 t/a，减排 7 000 万 t/a；减少 COD 产生 159 万 t/a；减少氨氮产生 4.48 万 t/a；减少硫酸消耗 81.6 万 t/a；减少液氨消耗 16 万 t/a。

2. 柠檬酸行业主要目标

至 2012 年，柠檬酸吨产品能耗平均约 1.57 t 标煤，较 2009 年下降 13.7%，全行业降低消耗 25 万 t 标煤/a；新鲜水消耗降至 4 000 万 t/a；废水排放量降至 3 500 万 t/a，减排 2 000 万 t/a；减少硫酸消耗 72 万 t/a；减少碳酸钙消耗 72 万 t/a；减排硫酸钙 96 万 t/a；减排 CO_2 38.4 万 t/a。

二、应用示范技术

应用示范技术是指已研发成功，尚未产业化应用，对提升行业清洁生产水平作用突出、具有推广应用前景的关键、共性技术。下同。

序号	技术名称	适用范围	技术主要内容	解决的主要问题	技术来源	所处阶段	应用前景分析
1	新型浓缩连续等电提取工艺	味精行业	本工艺采用新型浓缩连续等电提取味精的等电-离交工艺替代传统味精生产中的等电-离交工艺，对含氨酸发酵液采用连续等电，二次结晶与转晶以及喷浆造粒等技术，解决味精行业离交废水大量产生问题，且无高氨离交废水排放；同时采用自动化热泵系统将结晶过程中的二次蒸汽回收利用，达到节约蒸汽，降低能耗的目的。本工艺的实施降低了能耗、水耗以及化学品消耗，提高了产品质量，并减少了废水产生利排放	传统的含氨酸提取工艺大多采用等电-离交工艺，即发酵液直接在低温条件下等电结晶，结晶母液经离交回收母液中的谷氨酸。传统工艺投入设备多，一次结晶以及喷浆造粒二次复晶离交废水量大；工艺复杂、能耗较多，用水量大，生产高、环节多；产生废水量大，污染严重，生产成本高。本工艺高产酸发酵液浓缩后采用连续等电，二次结晶与转晶工艺提取谷氨酸，替代了氨基酸行业内传统工艺的等电-离交工艺，解决传统工艺污染强度高、用水量大，能耗高、酸碱用量高等问题	自主研发	应用阶段	本技术实施后，味精吨产品减少了60%硫酸和30%液氨消耗，且无高氨氮废水排放，吨产品耗水量可降低20%以上；能耗可降低10%以上；吨产品COD产生量可降低50%左右；各项清洁生产技术指标接近或达到国际先进水平。以年产10万t味精企业为例：每年可节约硫酸约5.1万t；节约液氨约1万t；节约能源消耗折约2万t标煤；减少COD产生约3.5万t，减少氨氮排放0.28万t。全行业推广（按80%计算）每年可约节约硫酸约81.6万t；节约液氨约16万t；节约能源消耗折约32万t标煤，减少COD产生约56万t，减少氨氮排放4.48万t
2	发酵母液综合利用新工艺	味精行业	本工艺将剩余的结晶母液采用多效蒸发器浓缩，再经雾化后送入喷浆造粒机内造粒烘干，制成有机复合肥，至此发酵母液完全得到利用，实现液体的零排放。工艺中利用电复合材料的静电处理，工艺同时还解决了由喷浆造粒过程中产生的烟气，处理效率可达95%以上	味精生产中提取谷氨酸后的发酵母液有机物含量高，酸性大，处理较困难。本工艺不但可将剩余发酵母液完全利用，实现零排放，且具有投资成本低，生产及运行成本低，经济效益良好的特点。本工艺中同时还解决了由喷浆造粒过程中产生的粒子的污染问题，具有较强异味的烟气，处理效果有显著的经济效益和社会效益	自主研发	应用阶段	该技术实施后味精吨产品COD产生量减少约80%，并可产生1t有机复合肥，增加产值600元。以年产10万t味精可减少COD产生约6万t；生产10万t有机复合肥，增加产值6000万元。全行业推广（按80%计算）每年可减少COD产生约96万t；生产160万t有机复合肥，增加产值9.6亿元

序号	技术名称	适用范围	技术主要内容	解决的主要问题	技术来源	所处阶段	应用前景分析
3	发酵废水资源再利用技术	柠檬酸行业	本技术将柠檬酸废水中的COD作为一种资源来考虑，在活性反应器，通过厌氧菌群的作用下，将废水中90%以上的COD转化为沼气和厌氧活性颗粒污泥。沼气可用作锅炉燃烧或发电，厌氧活性颗粒污泥可作为沼气脱硫生化反应器，同时将沼气经由生物菌群，由生物菌群中有害的硫化物分解为单质硫，增加了企业产值，降低了沼气燃烧时对大气污染。本技术实现了发酵废水资源的综合利用	本技术可将有机酸高浓度废水中的COD转化成沼气和厌氧活性颗粒污泥。本技术不但降低了高浓度废水浓度，降低了废水治理成本，还将资源进行了综合利用。整个废水资源再利用过程不产生二次污染，并创造了新的经济效益，节约了能源	自主研发	应用阶段	本技术实施后，可削减柠檬酸废水中90%COD，降低废水处理成本，并使废水中资源得到循环利用。每吨柠檬酸产生的废水可沼气发电约240 kW·h; 产生厌氧活性颗粒污泥约0.05 t。以年产5万t柠檬酸示范企业为例，每年可沼气发电约1 200万kW·h, 增加产值约600万元; 产生厌氧活性颗粒污泥约2 500 t, 增加产值约250万元; 共为企业每年增加约860万元产值。全行业推广后（按80%计算）年可利用废水产生的沼气发电约1.92亿kW·h, 增加产生的沼气发电约9 600万元; 产生厌氧活性颗粒污泥约4万t, 增加产值约4 000万元; 年可增加产值约1.36亿元
4	高性能温敏型菌种定向选育、驯化及发酵过程控制	味精行业	本技术利用现代生物学手段定向改造现有温度敏感型菌种，选育出具有目的遗传性状，产酸率高的高产菌株	现阶段味精企业普遍使用生物素亚适量型菌种，其产酸率和糖酸转化率较低，产酸率在11%~12%, 糖酸转化率58%~60%	自主研发	应用阶段	该技术实施后精单位产品玉米消耗降低19%以上; 能耗可降低10%; COD产生量减少10%。以年产10万t味精示范企业为例: 每年可节约玉米约4.5万t

三、推广技术

序号	技术名称	适用范围	技术主要内容	解决的主要问题	技术来源	所处阶段	应用前景分析
5	阶梯式水循环利用技术	味精、淀粉、淀粉糖等耗水较高的行业	本技术将温度较低的新鲜水用于结晶等工序的降温；将温度较高的降温水供给其他生产环节，通过提高循环过程水温度，降低能耗；将冷却器后循环发水循环利用；糖车间蒸发泵冷却水降温高，可供淀粉冷却用水；冷却水水质较好日温度高，又供淀粉车间用于淀粉乳洗涤，既节约用水，又降低蒸汽消耗，实现废水回用，减少了废水排放。本工艺通过对生产环节之间的技术改造及合理布局，加强各生产环节之间水协调，实现了水的循环使用，降低了味精用水量	本技术的实施可节约用水，减少水的消耗，改变企业内部生产环节用水不合理现象，本技术主要是对生产工艺进行了技术改造，打破企业内部用水无规划现状，对各车间用水统筹考虑，加强各车间之间协调，降低企业新鲜水用量，并利用ASND技术治理综合废水，实现废水回用，减少了废水排放。本工艺的实施大幅度降低了味精废水用水量和排放量	自主研发	推广阶段	味精行业20%的企业在生产中采用该技术，该技术在味精行业内应用比例可达到90%。采用此技术利用率达到30%。该技术实施后可每年可节水近30%。使示范企业水循环利用率达到60%以上。以年产5万t味精示范企业为例，每年节约用水约135万m^3。在味精行业推广后每年可节水约4 320万m^3
6	冷却水封闭循环利用技术	柠檬酸、淀粉糖等耗水较高行业用技术	本技术主要针对企业生产过程中的冷凝水，冷却水封闭回收。本技术将冷却水、冷却水降温后循环使用，因冷凝水温度较高，将其热量回收后，直接作为工艺补充水使用。本工艺的实施减少了新鲜水的消耗，并降低了污水排放量	本技术通过对生产过程中的冷凝水、冷却水封闭循环利用，降低柠檬酸单位产品的用水量，还降低了污水的排放量，通过对热能的吸收再利用，可降低生产中的能耗，达到节能的目的	自主研发	推广阶段	柠檬酸行业30%的企业在生产中采用该技术，推广后应用比例可达到90%。该技术实施后，企业每年可节水约20%；冷却冷凝水重复利用率达到75%以上；蒸汽冷凝水重复利用率达到50%以上。以年产5万t柠檬酸示范企业为例，每年节约用水约60万m^3。在柠檬酸行业推广后，每年可节约用水（按90%产能计算）每年可节用水约1 080万m^3

附录 3-3　发酵行业清洁生产评价指标体系[试行]

发酵行业清洁生产评价指标体系[试行]

国家发展和改革委员会公告[2007]第 41 号，2007.7.14

前　言

为贯彻落实《中华人民共和国清洁生产促进法》，指导和推动发酵企业依法实施清洁生产，提高资源利用率，减少和避免污染物的产生，保护和改善环境，制定发酵行业清洁生产评价指标体系（试行）（以下简称"指标体系"）。

本指标体系用于评价发酵企业的清洁生产水平，作为创建清洁先进生产企业的主要依据，并为企业推行清洁生产提供技术指导。

本指标体系依据综合评价所得分值将企业清洁生产等级划分为两级，即代表国内先进水平的"清洁生产先进企业"和代表国内一般水平的"清洁生产企业"。随着技术的不断进步和发展，本指标体系每 3～5 年修订一次。

本指标体系由中国轻工业清洁生产技术中心起草。

本指标体系由国家发展和改革委员会负责解释。

本指标体系自发布之日起试行。

1　发酵行业清洁生产评价指标体系的适用范围

本评价指标体系适用于发酵行业，包括酒精、味精、柠檬酸等发酵生产企业。

2　发酵行业清洁生产评价指标体系的结构

根据清洁生产的原则要求和指标的可度量性，本评价指标体系分为定量评价和定性要求两大部分。

定量评价指标选取了有代表性的、能集中体现"节能"、"降耗"、"减污"和"增效"等有关清洁生产最终目标的指标，建立评价体系模式。通过对各项指标的实际达到值、评价基准值和指标的权重值进行计算和评分，综合考评企业实施清洁生产的状况和企业清洁生产程度。

定性评价指标主要根据国家有关推行清洁生产的产业发展和技术进步政策、

资源环境保护政策规定以及行业发展规划选取，用于定性考核企业对有关政策法规的符合性及其清洁生产工作实施情况。

定量指标和定性指标分为一级指标和二级指标。一级指标为普遍性、概括性的指标，二级指标为反映发酵企业清洁生产各方面具有代表性的、内容具体、易于评价考核的指标。考虑到不同类型发酵企业生产工序和工艺过程的不同，本评价指标体系根据不同类型企业各自的实际生产特点，对其二级指标的内容及其评价基准值、权重值的设置有一定差异，使其更具有针对性和可操作性。

不同类型发酵企业定量和定性评价指标体系框架分别见图1～图9。

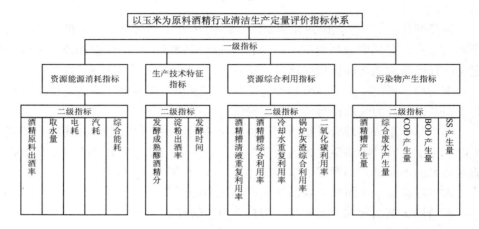

图1　以玉米为原料酒精行业清洁生产定量评价指标体系

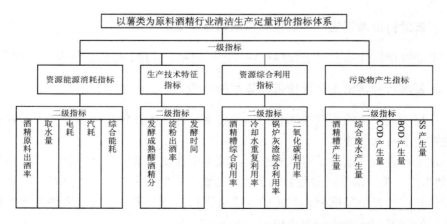

图2　以薯类为原料酒精行业清洁生产定量评价指标体系

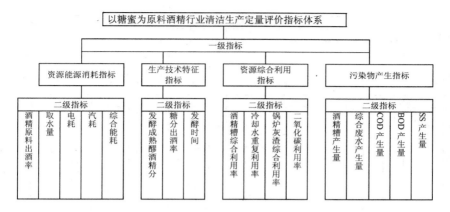

图3 以糖蜜为原料酒精行业清洁生产定量评价指标体系

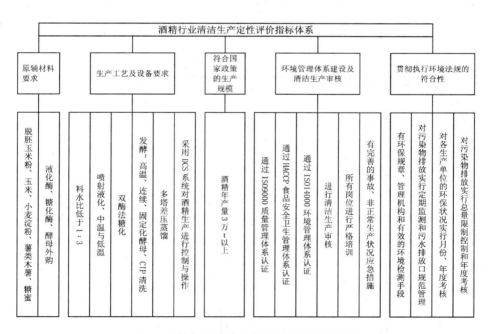

图4 酒精行业清洁生产定性评价指标体系

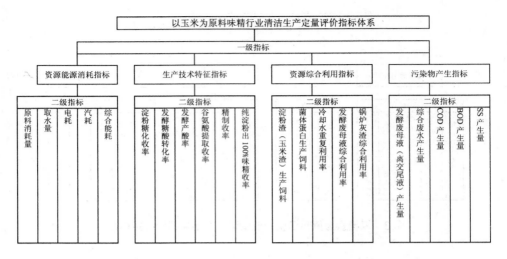

图5 以玉米为原料味精行业清洁生产定量评价指标体系

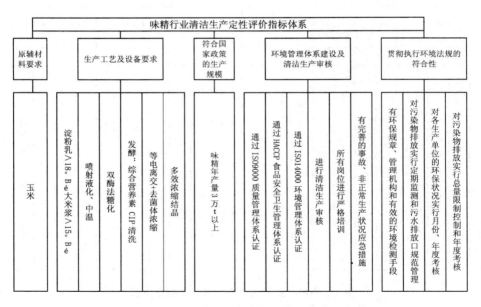

图6 味精行业清洁生产定性评价指标体系

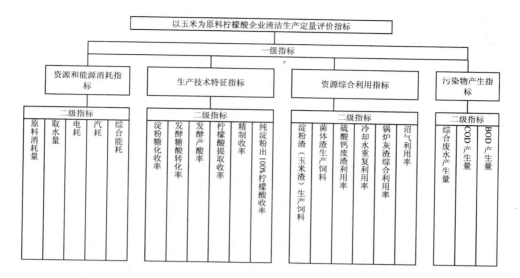

图 7 以玉米为原料柠檬酸行业清洁生产定量评价指标体系

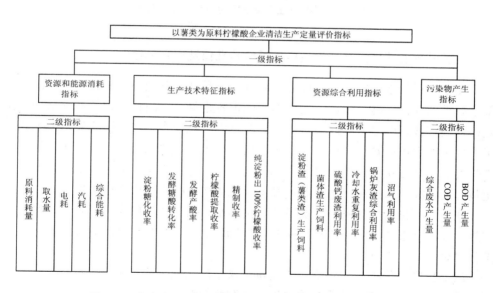

图 8 以薯类为原料柠檬酸行业清洁生产定量评价指标体系

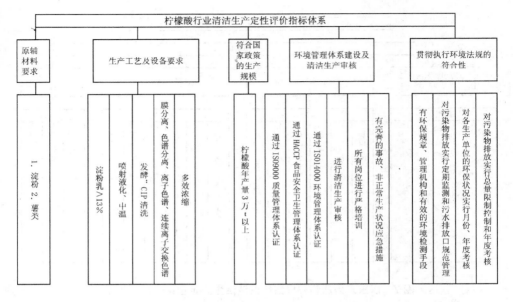

图9 柠檬酸行业清洁生产定性评价指标体系

3 发酵企业清洁生产评价指标的评价基准值及权重分值

在定量评价指标中，各指标的评价基准值是衡量该项指标是否符合清洁生产基本要求的评价基准。本评价指标体系确定各定量评价指标的评价基准值的依据是：凡国家或行业在有关政策、规划等文件中对该项指标已有明确要求的就执行国家要求的数值；凡国家或行业对该项指标尚无明确要求的，则选用国内重点大中型发酵企业近年来清洁生产所实际达到的中上等以上水平的指标值。因此，本定量评价指标体系的评价基准值代表了行业清洁生产的平均先进水平。

在定性评价指标体系中，衡量该项指标是否贯彻执行国家或行业有关政策、法规的情况，按"是"或"否"两种选择来评定。选择"是"即得到相应的分值，选择"否"则不得分。

清洁生产评价指标的权重分值反映了该指标在整个清洁生产评价指标体系中所占的比重。它原则上是根据该项指标对发酵企业清洁生产实际效益和水平的影响程度大小及其实施的难易程度来确定的。

不同类型发酵企业清洁生产评价指标体系的各评价指标、评价基准值和权重分值见表1～表9。

清洁生产是一个相对概念，它将随着经济的发展和技术的更新而不断完善，达到新的更高、更先进水平，因此清洁生产评价指标及指标的基准值，也应视行业技术进步趋势进行不定期调整，其调整周期一般为 3 年，最长不应超过 5 年。

3.1　酒精企业清洁生产评价指标体系

表 1　以玉米为原料酒精企业定量评价指标项目、权重及基准值

一级指标	权重值	二级指标	单位	权重值	评价基准值
（1）资源和能源消耗指标	30	酒精原料出酒率	%	8	30
		取水量	m³/t 产品	8	50
		电耗	kW·h/t 产品	3	220
		汽耗（折标煤）	t 标煤/t 产品	3	0.65
		综合能耗[1]	t 标煤/t 产品	8	0.74
（2）生产技术特征指标	30	发酵成熟醪酒精分	%	10	10
		淀粉出酒率	%	15	54
		发酵时间	h	5	60
（3）资源综合利用指标	25	酒精糟清液重复利用率	%	5	50
		酒精糟综合利用率	%	10	100
		冷却水重复利用率	%	5	70
		锅炉灰渣综合利用率	%	3	100
		二氧化碳利用率	%	2	10
（4）污染物产生指标[2]	15	酒精糟产生量	m³/t 产品	4	11
		综合废水产生量	m³/t 产品	5	35
		COD 产生量	kg/t 产品	2	200
		BOD 产生量	kg/t 产品	2	100
		SS 产生量	kg/t 产品	2	70

注：1. 在综合能耗的计算中，煤耗不包括采暖用煤。

　　2. 污染物产生指标是指生产吨产品所产生的未经污染治理设施处理的污染物量。

表 2　以薯类为原料酒精企业定量评价指标项目、权重及基准值

一级指标	权重值	二级指标	单位	权重值	评价基准值
（1）资源和能源消耗指标	30	酒精原料出酒率	%	8	30
		取水量	m³/t 产品	8	50
		电耗	kW·h/t 产品	3	190
		汽耗（折标煤）	t 标煤/t 产品	3	0.6
		综合能耗[1]	t 标煤/t 产品	8	0.70

一级指标	权重值	二级指标	单位	权重值	评价基准值
（2）生产技术特征指标	30	发酵成熟醪酒精分	%	10	10
		淀粉出酒率	%	15	55
		发酵时间	h	5	60
（3）资源综合利用指标	25	酒精糟综合利用率	%	10	100
		冷却水重复利用率	%	7	70
		锅炉灰渣综合利用率	%	5	100
		二氧化碳利用率	%	3	10
（4）污染物产生指标 [2]	15	酒精糟产生量	m^3/t 产品	4	11
		综合废水产生量	m^3/t 产品	5	30
		COD 产生量	kg/t 产品	2	450
		BOD 产生量	kg/t 产品	2	250
		SS 产生量	kg/t 产品	2	90

注：1. 在综合能耗的计算中，煤耗不包括采暖用煤。

2. 污染物产生指标是指生产吨产品所产生的未经污染治理设施处理的污染物量。

表3　以糖蜜为原料酒精企业定量评价指标项目、权重及基准值

一级指标	权重值	二级指标	单位	权重值	评价基准值
（1）资源和能源消耗指标	30	酒精原料出酒率	%	8	30
		取水量	m^3/t 产品	8	40
		电耗	kW·h/t 产品	3	40
		汽耗（折标煤）	t 标煤/t 产品	3	0.5
		综合能耗 [1]	t 标煤/t 产品	8	0.51
（2）生产技术特征指标	30	发酵成熟醪酒精分	%	10	10
		糖分出酒率	%	15	54
		发酵时间	h	5	30
（3）资源综合利用指标	25	酒精糟综合利用率	%	10	100
		冷却水重复利用率	%	7	70
		锅炉灰渣综合利用率	%	5	100
		二氧化碳利用率	%	3	10
（4）污染物产生指标 [2]	15	酒精糟产生量	m^3/t 产品	4	12
		综合废水产生量	m^3/t 产品	5	30
		COD 产生量	kg/t 产品	2	480
		BOD 产生量	kg/t 产品	2	280
		SS 产生量	kg/t 产品	2	90

注：1. 在综合能耗的计算中，煤耗不包括采暖用煤。

2. 污染物产生指标是指生产吨产品所产生的未经污染治理设施处理的污染物量。

表 4　酒精工业清洁生产定性评价指标项目及指标分值

一级指标	指标分值	二级指标		指标分值
（1）原辅材料	15	脱胚玉米粉、玉米、小麦淀粉、薯类木薯、糖蜜		13
		液化酶、糖化酶、酵母外购		2
（2）生产工艺及设备要求	20	拌料	料水比低于 1：3	3
		液化	喷射液化、中温与低温	3
		糖化	双酶法	3
		发酵	高温、连续、固定化酵母、CIP 清洗	5
		蒸馏	多塔差压	4
		采用 DCS 系统对酒精生产进行控制与操作		2
（3）符合国家政策的生产规模	10	酒精年产量 3 万 t 以上		10
（4）环境管理体系建设及清洁生产审核	25	通过 ISO 9000 质量管理体系认证		3
		通过 HACCP 食品安全卫生管理体系认证		4
		通过 ISO 14000 环境管理体系认证		4
		进行清洁生产审核		5
		开展环境标志认证		2
		所有岗位进行严格培训		3
		有完善的事故、非正常生产状况应急措施		4
（5）贯彻执行环境保护法规的符合性	25	有环保规章、管理机构和有效的环境检测手段		6
		对污染物排放实行定期监测和污水排放口规范管理		6
		对各生产单位的环保状况实行月份、年度考核		6
		对污染物排放实行总量限制控制和年度考核		7

3.2 味精企业清洁生产评价指标体系

表 5　以玉米为原料味精企业定量评价指标项目、权重及基准值

一级指标	权重值	二级指标	单位	权重值	评价基准值
（1）资源和能源消耗指标	30	原料消耗量	t/t 产品	6	2.4
		取水量	m^3/t 产品	8	100
		电耗	kW·h/t 产品	3	1 300
		汽耗	t/t 产品	3	10
		综合能耗	t 标煤/t 产品	10	1.8
（2）生产技术特征指标	30	淀粉糖化收率	%	4	99
		发酵糖酸转化率	%	4	58.0
		发酵产酸率	%	4	11.0

一级指标	权重值	二级指标		单位	权重值	评价基准值
（2）生产技术特征指标	30	谷氨酸提取收率		%	4	96.0
		精制收率		%	4	96.0
		纯淀粉出 100%味精收率		%	10	74.7
（3）资源综合利用指标	25	淀粉渣（玉米渣）生产饲料		%	5	100
		菌体蛋白生产饲料		%	5	100
		冷却水重复利用率		%	5	80
		发酵废母液综合利用率		%	5	100
		锅炉灰渣综合利用率		%	5	100
（4）污染物产生指标	15	发酵废母液（离交尾液）产生量		m^3/t 产品	4	10
		综合废水产生量		m^3/t 产品	5	95
		COD 产生量		kg/t 产品	2	600
		BOD 产生量		kg/t 产品	2	390
		SS 产生量		kg/t 产品	2	350

注：污染物产生指标是指生产吨产品所产生的未经污染治理设施处理的污染物量。

表6　味精企业清洁生产定性评价指标项目及指标分值

一级指标	指标分值	二级指标		指标分值
（1）原辅材料	15	玉米		15
（2）生产工艺及设备要求	20	调粉浆	淀粉乳＞18° Bé 大米浆＞15° Bé	5
		液化	喷射液化、中温	5
		糖化	双酶法	3
		发酵	综合营养素　CIP 清洗	3
		提取	等电离交+去菌体浓缩	2
		浓缩结晶	多效浓缩结晶	2
（3）符合国家政策的生产规模	10	味精年产量 3 万 t 以上		10
（4）环境管理体系建设及清洁生产审核	25	通过 ISO 9000 质量管理体系认证		3
		通过 HACCP 食品安全卫生管理体系认证		4
		通过 ISO 14000 环境管理体系认证		5
		进行清洁生产审核		5
		开展环境标志认证		2
		所有岗位进行严格培训		3
		有完善的事故、非正常生产状况应急措施		3
（5）贯彻执行环境保护法规的符合性	25	有环保规章、管理机构和有效的环境检测手段		6
		对污染物排放实行定期监测和污水排放口规范管理		6
		对各生产单位的环保状况实行月份、年度考核		6
		对污染物排放实行总量限制控制和年度考核		7

3.3　柠檬酸企业清洁生产评价指标体系

表 7　以玉米为原料柠檬酸企业定量评价指标项目、权重及基准值

一级指标	权重值	二级指标	单位	权重值	评价基准值
（1）资源和能源消耗指标	30	原料消耗量	t/t 产品	6	1.9
		取水量	m³/t 产品	8	40
		电耗	kW·h/t 产品	3	1 100
		汽耗	t/t 产品	3	5.0
		综合能耗	t 标煤/t 产品	10	1.1
（2）生产技术特征指标	30	淀粉糖化收率	%	4	98.5
		发酵糖酸转化率	%	4	98.0
		发酵产酸率	%	4	13.0
		柠檬酸提取收率	%	4	86.0
		精制收率	%	4	98.0
		纯淀粉出 100%柠檬酸收率	%	10	86.0
（3）资源综合利用指标	28	淀粉渣（薯类渣）生产饲料	%	5	100
		菌体渣生产饲料	%	5	100
		硫酸钙废渣利用率[1]	%	5	100
		冷却水重复利用率	%	5	100
		锅炉灰渣综合利用率	%	5	100
		沼气利用率	%	3	70
（4）污染物产生指标[2]	12	综合废水产生量	m³/t 产品	6	40
		COD 产生量	kg/t 产品	3	400
		BOD 产生量	kg/t 产品	3	300

注：1. 如采用新型提取方法，无硫酸钙废渣产生，则硫酸钙废渣利用率取 100%。

　　2. 污染物产生指标是指生产吨产品所产生的未经污染治理设施处理的污染物量。

表 8　以薯类为原料柠檬酸企业定量评价指标项目、权重及基准值

一级指标	权重值	二级指标	单位	权重值	评价基准值
（1）资源和能源消耗指标	30	原料消耗量	t/t 产品	6	1.9
		取水量	m³/t 产品	8	40
		电耗	kW·h/t 产品	3	1 100
		汽耗	t/t 产品	3	5.0
		综合能耗	t 标煤/t 产品	10	1.0

一级指标	权重值	二级指标	单位	权重值	评价基准值
（2）生产技术特征指标	30	淀粉糖化收率	%	4	98.5
		发酵糖酸转化率	%	4	98.0
		发酵产酸率	%	4	12.5
		柠檬酸提取收率	%	4	86.0
		精制收率	%	4	98.0
		纯淀粉出 100%柠檬酸收率	%	10	86.0
（3）资源综合利用指标	28	淀粉渣（薯类渣）生产饲料	%	5	100
		菌体渣生产饲料	%	5	100
		硫酸钙废渣利用率[1]	%	5	100
		冷却水重复利用率	%	5	100
		锅炉灰渣综合利用率	%	5	100
		沼气利用率	%	3	70
（4）污染物产生指标[2]	12	综合废水产生量	m^3/t 产品	6	40
		COD 产生量	kg/t 产品	3	350
		BOD 产生量	kg/t 产品	3	300

注：1. 如采用新型提取方法，无硫酸钙废渣产生，则硫酸钙废渣利用率取 100%。

2. 污染物产生指标是指生产吨产品所产生的未经污染治理设施处理的污染物量。

表 9　柠檬酸企业清洁生产定性评价指标项目及指标分值

一级指标	指标分值	二级指标		指标分值
（1）原辅材料	15	1. 淀粉　2.薯类		15
（2）生产工艺及设备要求	20	调粉浆	淀粉乳＞13%	8
		液化	喷射液化、中温	5
		发酵	CIP 清洗	1
		分离	膜分离、色谱分离、离子色谱、连续离子交换色谱	3
		浓缩	多效	3
（3）符合国家政策的生产规模	10	柠檬酸年产量 3 万 t 以上		10
（4）环境管理体系建设及清洁生产审核	25	通过 ISO 9000 质量管理体系认证		3
		通过 HACCP 食品安全卫生管理体系认证		4
		通过 ISO 14000 环境管理体系认证		5
		进行清洁生产审核		5
		开展环境标志认证		2
		所有岗位进行严格培训		3
		有完善的事故、非正常生产状况应急措施		3

一级指标	指标分值	二级指标	指标分值
（5）贯彻执行环境保护法规的符合性	25	有环保规章、管理机构和有效的环境检测手段	6
		对污染物排放实行定期监测和污水排放口规范管理	6
		对各生产单位的环保状况实行月份、年度考核	6
		对污染物排放实行总量限制控制和年度考核	7

4 发酵企业清洁生产评价指标的考核评分计算方法

4.1 定量评价指标的考核评分计算

企业清洁生产定量评价指标的考核评分，以企业在考核年度（一般以一个生产年度为一个考核周期，并与生产年度同步）各项二级指标实际达到的数值为基础进行计算，综合得出该企业定量评价指标的考核总分值。定量评价的二级指标从其数值情况来看，可分为两类情况：一类是该指标的数值越低（小）越符合清洁生产要求（如原料消耗量、取水量、综合能耗、污染物产生量等指标）；另一类是该指标的数值越高（大）越符合清洁生产要求（如淀粉糖化收率、发酵糖酸转化率、发酵产酸率、水的循环利用率、锅炉灰渣综合利用率等指标）。因此，对二级指标的考核评分，根据其类别采用不同的计算模式。

4.1.1 定量评价二级指标的单项评价指数计算

对指标数值越高（大）越符合清洁生产要求的指标，其计算公式为：

$$S_i = \frac{S_{xi}}{S_{oi}}$$

对指标数值越低（小）越符合清洁生产要求的指标，其计算公式为：

$$S_i = \frac{S_{oi}}{S_{xi}}$$

式中：S_i —— 第 i 项评价指标的单项评价指数。如采用手工计算时，其值取小数点后两位；

S_{xi} —— 第 i 项评价指标的实际值（考核年度实际达到值）；

S_{oi} —— 第 i 项评价指标的评价基准值。

本评价指标体系各二级指标的单项评价指数的正常值一般在 1.0 左右，但当其实际数值远小于（或远大于）评价基准值时，计算得出的 S_i 值就会较大，计算结果就会偏离实际，对其他评价指标的单项评价指数产生较大干扰。为了消除这种不合理影响，应对此进行修正处理。修正的方法是：当 $S_i > k/m$ 时（其中 k 为该类一级指标的权重分值，m 为该类一级指标中实际参与考核的二级指标的项目数），取该 S_i 值为 k/m。

4.1.2 定量评价考核总分值计算

定量评价考核总分值的计算公式为：

$$P_1 = \sum_{i=1}^{n} S_i \cdot K_i$$

式中：P_1 —— 定量评价考核总分值；

n —— 参与定量评价考核的二级指标项目总数；

S_i —— 第 i 项评价指标的单项评价指数；

K_i —— 第 i 项评价指标的权重分值。

若某项一级指标中实际参与定量评价考核的二级指标项目数少于该一级指标所含全部二级指标项目数（由于该企业没有与某二级指标相关的生产设施所造成的缺项）时，在计算中应将这类一级指标所属各二级指标的权重分值均予以相应修正，修正后各相应二级指标的权重分值以 K_i' 表示：

$$K' = K_i \cdot A_j$$

式中：A_j —— 第 j 项一级指标中，各二级指标权重分值的修正系数。$A_j=A_1/A_2$。

A_1 为第 j 项一级指标的权重分值；A_2 为实际参与考核的属于该一级指标的各二级指标权重分值之和。

如由于企业未统计该项指标值而造成缺项，则该项考核分值为零。

4.2 定性评价指标的考核评分计算

定性评价指标的考核总分值的计算公式为：

$$P_2 = \sum_{i=1}^{n^*} F_i$$

式中：P_2 —— 定性评价二级指标考核总分值；

F_i —— 定性评价指标体系中第 i 项二级指标的得分值；

n^* —— 参与考核的定性评价二级指标的项目总数。

4.3 综合评价指数的考核评分计算

为了综合考核发酵企业清洁生产的总体水平，在对该企业进行定量和定性评价考核评分的基础上，将这两类指标的考核得分按不同权重（以定量评价指标为主，以定性评价指标为辅）予以综合，得出该企业的清洁生产综合评价指数和相对综合评价指数。

4.3.1　综合评价指数（P）

综合评价指数是描述和评价被考核企业在考核年度内清洁生产总体水平的一项综合指标。国内大中型发酵企业之间清洁生产综合评价指数之差可以反映企业之间清洁生产水平的总体差距。综合评价指数的计算公式为：

$$P=0.6P_1+0.4P_2$$

式中：P —— 企业清洁生产的综合评价指数；

P_1、P_2 —— 分别为定量评价指标中各二级指标考核总分值和定性评价指标中各二级指标考核总分值。

4.3.2　相对综合评价指数（P'）

相对综合评价指数是企业考核年度的综合评价指数与企业所选对比年度的综合评价指数的比值。它反映企业清洁生产的阶段性改进程度。相对综合评价指数的计算公式为：

$$P' = \frac{P_b}{P_a}$$

式中：P' —— 企业清洁生产相对综合评价指数；

P_a、P_b —— 分别为企业所选定的对比年度的综合评价指数和企业考核年度的综合评价指数。

4.4　发酵行业清洁生产企业的评定

本评价指标体系将发酵企业清洁生产水平划分为两级，即国内清洁生产先进水平和国内清洁生产一般水平。对达到一定综合评价指数值的企业，分别评定为清洁生产先进企业或清洁生产企业。

根据目前我国发酵行业的实际情况，不同等级的清洁生产企业的综合评价指数列于表 10。

表 10　发酵行业不同等级清洁生产企业综合评价指数

清洁生产企业等级	清洁生产综合评价指数
清洁生产先进企业	$P\geqslant90$
清洁生产企业	$75\leqslant P<90$

按照现行环境保护政策法规以及产业政策要求，凡参评企业被地方环保主管部门认定为主要污染物排放未"达标"（指总量未达到控制指标或主要污染物排放

超标），生产淘汰类产品或仍继续采用要求淘汰的设备、工艺进行生产的，则该企业不能被评定为"清洁生产先进企业"或"清洁生产企业"。清洁生产综合评价指数低于 80 分的企业，应类比本行业清洁生产先进企业，积极推行清洁生产，加大技术改造力度，强化全面管理，提高清洁生产水平。

5　指标解释

《发酵行业清洁生产评价指标体系》部分指标的指标解释如下：

5.1　酒精生产

（1）　取水量

生产每吨酒精[96%（v/v）]的取水量，包括原料处理、废水治理、综合利用等。

$$取水量 = \frac{年生产酒精[96\%(v/v)]取水量总和(m^3)}{年酒精[96\%(v/v)]产量(t)}$$

（2）酒精（谷、薯、糖蜜）原料出酒率

生产每吨酒精[96%（v/v）]消耗玉米、红薯、木薯、小麦、糖蜜原料量。

$$原料出酒率 = \frac{年酒精[96\%(v/v)]产量(t)}{年耗用原料(t)} \times 100\%$$

（3）电耗

生产每吨酒精[96%（v/v）]耗用电量，包括原料处理、废水治理、综合利用等。

$$电耗 = \frac{年生产酒精[96\%(v/v)]耗用电量(kW \cdot h)}{年酒精[96\%(v/v)]产量(t)}$$

（4）汽耗

生产每吨酒精[96%（v/v）]耗气量，包括原料处理、废水治理、综合利用等。

$$汽耗 = \frac{年生产酒精[96\%(v/v)]耗用蒸汽量(t)}{年酒精[96\%(v/v)]产量(t)}$$

（5）综合能耗

$$综合能耗 = \frac{年生产酒精[96\%(v/v)]综合能耗标煤量(t)}{年酒精[96\%(v/v)]产量(t)}$$

综合能耗是发酵企业在计划统计期内，对实际消耗的各种能源实物量按规定的计算方法和单位分别折算为一次能源后的总和。综合能耗主要包括一次能源（如煤、石油、天然气等）、二次能源（如蒸汽、电力等）和直接用于生产的能耗工质（如冷却水、压缩空气等），但不包括用于动力消耗（如发电、锅炉等）的能耗工质。具体综合能耗按照当量热值，即每千瓦时按 3 596 kJ 计算，其折算标准煤系数为 0.122 9 kg/（kW·h）。

（6）发酵成熟醪酒精分

在一定时间内，若干发酵罐发酵醪去蒸馏分离酒精时，酒精分含量的平均值 [%（v/v）]。

$$发酵成熟醪酒精分 = \frac{\sum(发酵罐成熟醪体积 \times 酒精分)}{若干发酵醪总体积} \times 100\%$$

（7）淀粉（糖分）出酒率

在一定时间内，若干重量淀粉（糖分）能生产酒精[96%（v/v）]产量的百分率。

$$淀粉出酒率 = \frac{酒精[96\%(v/v)]产量(t)}{原料淀粉(糖分)总量(t)+曲料淀粉(糖分)总量(t)} \times 100\%$$

（8）发酵时间

在一定时间内，若干只发酵罐的工作周期（包括糖化醪进料、发酵、放醪以及清洗等过程，不包括种子罐培养及发酵罐灭菌冷却时间）的平均值。

（9）原料（谷、薯、糖蜜）综合利用率

在一定时间内，酒精生产先分离生产胚芽、麸皮、蛋白粉（谷朊粉）等一级副产品量（不包括进一步生产油类等二级副产品），占总原料量的百分率。

$$原料综合利用率 = \frac{\sum 分离生产一级副产品量(t)}{总原料量(t)} \times 100\%$$

（10）酒精糟（谷、薯、糖蜜）综合利用率

谷物、薯类、糖蜜酒精糟应全部用于生产饲料、肥料、沼气等方面。

（11）冷却水、酒精糟滤液重复利用率

a. 在一定时间内，酒精生产（包括原料处理、综合利用等）的冷却水重复利用水量总和与取冷却水量、冷却水重复利用水量总和之比的百分率。

$$冷却水重复利用率 = \frac{冷却水重复利用总量(m^3)}{取冷却水量总和(m^3)+冷却水重复利用总量(m^3)} \times 100\%$$

b. 在一定时间内，酒精糟滤液重复利用于拌料等方面总量（m³）与产生总量（m³）之百分率。

$$酒精糟滤液重复利用率 = \frac{酒精糟滤液重复利用总量(m^3)}{酒精糟滤液产生总量(m^3)} \times 100\%$$

（12）锅炉灰渣综合利用率

锅炉灰渣应全部应用于建筑材料等方面。

（13）酒精糟（谷、薯、糖蜜）产生量

在一定时间内，酒精糟产生量之和与酒精总产量之比。

$$酒精糟产生量 = \frac{酒精糟产生量之和(m^3)}{酒精总产量(t)}$$

（14）综合废水产生量

在一定时间内，酒精生产（包括原料处理、综合利用、废水治理等）各部分废水之和，扣去重复利用水量。

综合废水产生量=酒精糟（m^3）+洗涤水（m^3）+冷却水（m^3）—重复利用水量（m^3）

（15）污染物产生指标

是指废水进入污水处理设施之前的数值。

5.2 味精生产

（1）取水量

生产每吨味精（99%）的取水量，包括原料处理、废水治理、综合利用等。

$$取水量 = \frac{年生产味精(99\%)取水量总和(m^3)}{年味精(99\%)产量(t)}$$

（2）吨产品原料消耗量

生产每吨味精（99%）的原料消耗量。

（3）电耗

生产每吨味精（99%）耗用电量，包括原料处理、废水治理、综合利用等。

$$电耗 = \frac{年生产味精(99\%)耗用总电量(kW \cdot h)}{年味精(99\%)产量(t)}$$

（4）汽耗

生产每吨味精（99%）耗汽量，包括原料处理、废水治理、综合利用等。

$$汽耗 = \frac{年生产味精(99\%)耗用蒸汽总量(t)}{年味精(99\%)产量(t)}$$

（5）综合能耗

$$综合能耗 = \frac{年生产味精(99\%)综合能耗标煤量(t)}{年味精(99\%)产量(t)}$$

综合能耗是发酵企业在计划统计期内，对实际消耗的各种能源实物量按规定的计算方法和单位分别折算为一次能源后的总和。综合能耗主要包括一次能源（如煤、石油、天然气等）、二次能源（如蒸汽、电力等）和直接用于生产的能耗工质（如冷却水、压缩空气等），但不包括用于动力消耗（如发电、锅炉等）的能耗工质。具体综合能耗按照当量热值，即每千瓦时按 3 596 kJ 计算，其折算标准煤系数为 0.122 9 kg/（kW·h）。

（6）淀粉糖化收率

在一定时间内，实际测得葡萄糖量与理论计算应得葡萄糖量之比的百分率。

$$淀粉糖化收率=\frac{\sum(水解糖液数量×实测含量)}{\sum(耗用淀粉数量×纯度×1.11)}×100\%$$

（7）发酵糖酸转化率

在一定时间内，实际测得谷氨酸量与投入葡萄糖总量之比的百分率。

$$发酵糖酸化率=\frac{\sum(发酵液体积×谷氨酸含量)}{\sum(投入糖液体积×含量)}×100\%$$

（8）发酵产酸率

在一定时间内，发酵液中谷氨酸总量与发酵液总体积之比的百分率（包括倒灌发酵液体积）。

$$发酵产酸率=\frac{\sum(发酵液体积×谷氨酸含量)}{发酵液总体积}×100\%$$

（9）谷氨酸提取收率

在一定时间内，从发酵液提取谷氨酸总量与发酵液谷氨酸总量之比的百分率。

$$谷氨酸提取收率=\frac{\sum提取谷氨酸总量}{\sum发酵液体积×谷氨酸含量}×100\%$$

（10）精制收率

在一定时间内，经精制实得味精量与理论计算应得味精量之比的百分率。

$$精制收率=\frac{\sum(实得味精量×含量)}{\sum(投入谷氨酸量×含量×1.272)}×100\%$$

（11）纯淀粉出 100%味精收率

纯淀粉出 100%味精收率=淀粉糖化收率×发酵糖酸转化率×提取收率×精制收率×1.11×1.272×100%

（12）淀粉渣

用玉米、大米、淀粉原料，经液化、糖化工艺，并经过滤产生的滤渣，即淀粉渣（大米渣）。

（13）菌体蛋白

糖化液加入培养基，接入菌种，经发酵完成后的菌体量。

（14）冷却水重复利用率

在一定时间内，味精生产（包括原料处理、综合利用等）的冷却水重复利用水量综合与取冷却水量和冷却水重复利用水量总和之比的百分率。

$$冷却水重复利用率 = \frac{冷却水重复利用总量(m^3)}{取冷却水量总量(m^3)+冷却水重复利用总量(m^3)} \times 100\%$$

（15）发酵废母液（离交尾液）

发酵母液经提取谷氨酸后即为发酵废母液。发酵废母液再经离子交换树脂交换，其流出液即为离交尾液。

（16）发酵废母液（离交尾液）产生量

在一定时间内，发酵废母液（离交尾液）产生量之和与味精总产量之比。

$$发酵废母液(离交尾液)产生量 = \frac{发酵废母液(离交尾液)产生量之和}{味精总产量}$$

（17）综合废水产生量

在一定时间内，味精生产（包括原料处理、综合利用、废水治理等）各部分废水之和，扣去重复利用水量。

综合废水产生量=发酵废母液（离交尾液）（m³)+洗涤水（m³)+冷却水（m³) —重复利用水量（m³）

（18）污染物产生指标

是指废水进入污水处理设施之前的数值。

5.3 柠檬酸生产

由于柠檬酸生产企业的产品多数为系列产品，因此，本指标体系根据行业统计方法，引入了"计算产量"的概念。即：所有系列产品均按一水柠檬酸（简称一水）折算产品产量。表 11 列出了无水柠檬酸、柠檬酸钠盐、柠檬酸钾盐和柠檬酸钙盐的折算系数，其余的系列产品可按下式计算：

$$柠檬酸系列产品折算系数 = \frac{一水柠檬酸的分子量}{相当于含有一水柠檬酸根时该分子的分子量}$$

表 11   主要柠檬酸系列产品折算系数

主要柠檬酸系列产品	折算系数
无水柠檬酸[$C_6H_8O_7$]	1.094
柠檬酸钠[$Na_3C_6H_5O_7 \cdot 2H_2O$]	0.714
柠檬酸钾[$K_3C_6H_5O_7 \cdot H_2O$]	0.648
柠檬酸钙[$Ca_3（C_6H_5O_7）\cdot 4H_2O$]	0.737

（1）取水量

生产每吨柠檬酸（以一水计算）的取水量，包括原料处理、废水治理、综合利用等。

$$取水量 = \frac{年生产柠檬酸(以一水计算)取水量总和(m^3)}{年柠檬酸(以一水计算)产量(t)}$$

（2）吨产品原料消耗量

一定时间内，生产每吨柠檬酸（以一水计算）的原料（含淀粉 65%标粮）消耗量。

$$标粮 = \frac{原粮(t) \times 淀粉含量(\%)}{0.65}$$

$$标粮耗 = \frac{耗标粮(t)}{年柠檬酸(以一水计算)产量(t)}$$

（3）电耗

生产每吨柠檬酸（以一水计算）耗用电量，包括原料处理、废水治理、综合利用等。

$$电耗 = \frac{年生产柠檬酸(以一水计算)耗用总电量(kW \cdot h)}{年柠檬酸(以一水计算)产量(t)}$$

（4）汽耗

生产每吨柠檬酸（以一水计算）耗汽量，包括原料处理、废水治理、综合利用等。

$$汽耗 = \frac{年生产柠檬酸(以一水计算)耗用蒸汽总量(t)}{年柠檬酸(以一水计算)产量(t)}$$

（5）综合能耗

$$综合能耗 = \frac{年生产柠檬酸(以一水计算)综合能耗标煤量(t)}{年柠檬酸(以一水计算)产量(t)}$$

综合能耗是发酵企业在计划统计期内，对实际消耗的各种能源实物量按规定的计算方法和单位分别折算为一次能源后的总和。综合能耗主要包括一次能源（如煤、石油、天然气等）、二次能源（如蒸汽、电力等）和直接用于生产的能耗工质（如冷却水、压缩空气等），但不包括用于动力消耗（如发电、锅炉等）的能耗工质。具体综合能耗按照当量热值，即每千瓦时按 3 596 kJ 计算，其折算标准煤系数为 0.122 9 kg/（kW · h）。

（6）淀粉糖化收率

在一定时间内，实际测得水解糖量与理论计算应得水解糖量之比的百分率。

$$淀粉糖化收率 = \frac{\sum(水解糖液数量 \times 实测含量)}{\sum(耗用淀粉数量 \times 纯度 \times 1.11)} \times 100\%$$

（7）发酵糖酸转化率

在一定时间内，实际测得柠檬酸含量与投入总糖总量之比的百分率。

$$发酵糖酸化率 = \frac{\sum(发酵液体积 \times 柠檬酸含量)}{\sum(投入糖液体积 \times 含量)} \times 100\%$$

（8）发酵产酸率

在一定时间内，发酵液中柠檬酸总量与发酵液总体积之比的百分率。

$$发酵产酸率 = \frac{\sum(发酵液体积 \times 柠檬酸含量)}{发酵液总体积(m^3)} \times 100\%$$

$$平均产酸(\%) = \frac{\sum(发酵液放罐体积 \times 产酸率)}{\sum 发酵液放罐体积} \times 100\%$$

（9）柠檬酸提取收率

在一定时间内，从发酵液提取柠檬酸总量与发酵液柠檬酸总量之比的百分率。

$$柠檬酸提取收率 = \frac{\sum 提取柠檬酸总量}{\sum 发酵液体积 \times 柠檬酸含量} \times 100\%$$

（10）发酵指数

在一定时间内，单位体积（m^3）发酵液与单位时间（小时）产柠檬酸量。

$$发酵指数 = \frac{若干时间产柠檬酸总量(kg) / 若干发酵液总体积(m^3)}{若干发酵罐发酵时间之和(小时)}$$

（11）总收率

一段时间结束时，若干发酵液总酸与实际得到的产品之比的百分率。

$$总收率 = \frac{柠檬酸(以一水计算)产量}{发酵液总酸量} \times 100\%$$

（12）淀粉渣

用玉米、大米、淀粉原料，经液化、糖化工艺，并经过滤产生的滤渣，即淀粉渣（玉米、薯干渣）。

（13）菌体渣/饲料

将糖化液加入培养基，接入菌种，经发酵完成后的菌体量。

（14）硫酸钙废渣

如用钙盐法从柠檬酸发酵液提取柠檬酸，则在柠檬酸钙用硫酸溶解过程中，将产生硫酸钙渣。

（15）冷却水重复利用率

在一定时间内，柠檬酸生产（包括原料处理、综合利用等）的冷却水重复利用水量与去冷却水量总和之比的百分率。

$$冷却水重复利用率 = \frac{冷却水重复利用总量(m^3)}{去冷却水量总和(m^3)}$$

（16）沼气利用率

在一定时间内，沼气的利用量与沼气产生量总和之比的百分率。

$$沼气利用率 = \frac{沼气利用量(m^3)}{沼气产生量总和(m^3)}$$

（17）综合废水产生量

在一定时间内，柠檬酸生产（包括原料处理、综合利用、废水治理等）各部分废水之和，扣去重复利用水量。

综合废水产生量=工艺废水（m^3）+洗涤水（m^3）+冷却水（m^3）－重复利用水量（m^3）

（18）污染物产生指标

是指废水进入污水处理设施之前的数值。

附录 4 国家出台的柠檬酸行业政策

附录 4-1 国家发展改革委关于加强玉米加工项目建设管理的紧急通知

国家发展改革委关于加强玉米加工项目建设管理的紧急通知

发改工业[2006]2781 号

各省、自治区、直辖市及计划单列市、新疆生产建设兵团发展改革委、经贸委（经委），农业部、国土资源部、环保总局、国家工商局、中国人民银行：

近几年来玉米深加工产业得到快速发展，有效地调动了农民种植积极性，产量大幅度增长，玉米产量已由 2000 年的 1.07 亿 t 增加到 2005 年的 1.4 亿 t，在粮食中的比重也增加 5.9 个百分点。玉米连续丰收，但市场价格不降反升，没有出现以往丰产不丰收的现象，对引导农业结构调整，推动产业化经营，促进农民增收，实现工业反哺农业具有积极的作用。但是，值得注意的是，一些地区出现了玉米加工能力扩张过快、低水平盲目建设严重、玉米加工转化利用效率低等问题。如不加以引导，不仅玉米加工业难以健康发展，还将引发粮食总量和结构问题。为落实科学发展观，加强对玉米加工业宏观调控，现将有关事项通知如下：

一、当前玉米加工业发展需要重视的几个问题

（一）工业加工产能扩张过快，增长幅度远远超过玉米生产增长水平。2001 年我国玉米工业加工转化消耗玉米仅为 1 250 万 t，2005 年增加到 2 300 万 t 以上，比 2001 年增长了 84%，年均增长 16.5%；而同期玉米产量增长了 21.9%，年均增长率 5.1%，远低于工业加工产能扩张的速度。随着玉米工业加工的快速增长，部分地区已显现加工能力过剩的倾向。

（二）粗放型加工，初级产品多，玉米转化利用效率不高。目前，我国玉米加工产业大多产品结构雷同，初加工产品多，高附加值产品少，产业链不长，资源综合利用水平低。

（三）项目布局过于集中，结构出现失衡。来自全国的投资，过多地集中在河北、河南、山东、东北三省等玉米主产区，一方面虽然加快了这些地区的玉米深加工的发展，但同时也引发了玉米加工项目过于集中，一些玉米主产区已经出现了加工能力超过玉米生产能力，需要从外省调玉米或进口趋势。

（四）不搞循环经济，污染严重。玉米深加工具有生物化工的技术工艺特点，生产中会产生大量高浓度的有机废水，相当一部分玉米加工企业，工艺技术水平不高，不搞循环经济、环保工程，成为新的污染源。

二、玉米加工业盲目发展的负面影响及后果

适度发展玉米加工业，对调动农民种粮积极性、稳定玉米生产、促进农民增收、推动地方经济发展是有促进作用的。但是，目前一哄而起，盲目建设的势头，不仅不利于农业结构调整，也不利于玉米加工产业的健康发展并有可能引发国家粮食安全问题。

（一）导致国内玉米供求出现缺口。我国人多地少的基本国情，以及耕地和水资源减少趋势的不可逆转，决定着我国中长期粮食供求将处于紧平衡状态，粮食安全始终是国家重视的重大战略问题。目前，我国玉米主要还是作为饲用为主，且饲料用玉米需求呈现较快增长的态势。由于玉米加工业（工业加工）过快发展，已出现与饲料工业争粮的问题，影响畜牧业发展，一些地区甚至玉米主产区已在考虑进口玉米了。

（二）引发主要粮食品种生产格局的调整。玉米加工业的过快发展，导致玉米需求量的上升和供求关系的紧张，推动国内玉米价格持续上扬，改变玉米和小麦、稻谷等主要粮食作物的比价关系，刺激玉米生产的过度扩张，会导致挤压小麦、稻谷生产的发展空间，引起粮食品种结构的失衡。

（三）影响玉米加工业健康发展。目前玉米加工业的过快发展，意味着市场竞争更加激烈，企业将面临更大的风险。如果这种势头不加以遏制，玉米加工业就不可能实现可持续发展。

三、促进玉米加工产业健康有序发展

玉米具有十分丰富的营养和元素，即使重要的粮食品种，也是宝贵的资源，推动玉米加工业健康有序发展对实施工业反哺农业、替代能源战略等具有十分重要的意义。但鉴于我国人多地少的基本国情，各地区、各部门要从确保国家粮食安全的高度，切实加强玉米加工产业发展的管理。在发展中，要遵循以下原则：

（一）统筹规划，科学发展。玉米加工产业链条长，涉及国民经济众多行业。

各地区要结合当地实际，按照科学发展观的要求，贯彻落实《全国食品工业"十一五"发展纲要》等规划精神，认真做好玉米加工产业区域发展规划的编制工作，特别要注意做好饲料用玉米的衔接与平衡，加强对产业的科学引导。

当前重点要把握处理好三个方面的问题，一是加工能力扩张要与耕地和玉米供给能力相适应；二是玉米加工业内部结构调整要平稳推进；三是加工转化效率与循环经济水平要同时提升。

（二）完善标准，严格准入。各地区特别是玉米主产区，要从国家整体利益出发，根据本地区实际情况，严格控制玉米加工总量，从生产规模、技术水平、综合利用、转化效率、市场需求、产品结构、循环经济、环保等方面严格行业准入标准，坚决制止低水平重复建设。

（三）合理布局，调整结构。根据我国适宜玉米种植地区相对集中的特点，以满足国内市场需求为主，综合考虑资源条件、生产基础、市场需求境以及资金、技术等方面因素，在重点产区优先适度发展玉米深加工产业。要着眼于提高产业竞争力，构建优势产业群体，延长产业链。实现产业结构稳定合理，产品结构多元化，产品的市场结构多层次，加工企业集团化、规模化和集约化的目标。

（四）坚持非粮为主，积极稳妥推动生物燃料乙醇产业发展。生物燃料乙醇项目建设需经国家投资主管部门核准，"十五"期间建设的4家以消化陈化粮为主的燃料乙醇生产企业，未经国家核准不得增加产能，要进一步改进现有工艺，实现原料多元化的柔性生产。国家即将出台的《生物燃料乙醇及车用乙醇汽油"十一五"发展专项规划》以及相关产业政策，明确提出"因地制宜，非粮为主"的发展原则，各地不得以玉米加工为名，违规建设生物燃料乙醇项目，盲目扩大玉米加工能力，也不得以建设燃料乙醇项目为名，盲目发展玉米加工乙醇能力。

四、近期开展的工作

针对当前国内出现的玉米加工业重复建设、盲目发展的趋势，各级发展改革部门要认真做好以下几项工作：

（一）立即暂停核准和备案玉米加工项目，并对在建和拟建项目进行全面清理。各级发展改革部门要针对本地区玉米加工企业的生产能力、产品结构等方面进行一次认真清理，检查项目建设土地审查、环境评价、银行承诺等配套条件落实情况，如发现存在违规行为，要严肃查处，同时将查处结果及有关情况尽快上报我委。

（二）请玉米主产区和主要加工地区的省市抓紧制定玉米加工业专项规划，并与《全国食品工业"十一五"发展纲要》相衔接。以加强对玉米加工业的指导，国家发改委将对各地规划进行必要的指导和衔接，在规划出台前，不能盲目启动玉米加工项目。

（三）加大对玉米加工企业的组织结构调整。加快国有企业的体制创新与机制创新，增强企业活力；加大对规模小、技术落后、低水平、重复建设的企业的整合力度，淘汰资不抵债、亏损严重的小企业；加快企业的兼并重组，鼓励强强联合，做强做大一批大型骨干企业，促进地方优势产业的形成，促进资源有效利用和效益提高。

国家发展改革委

二〇〇六年十二月八日

附录 4-2 国家发展改革委关于印发关于促进玉米深加工业健康发展的
指导意见的通知

国家发展改革委关于印发关于促进玉米深加工业
健康发展的指导意见的通知

国家发展和改革委员会

发改工业[2007]2245 号

各省、自治区、直辖市及计划单列市、副省级省会城市、新疆生产建设兵团发展
改革委、经贸委（经委），国务院有关部门、直属机构：

为加强对玉米深加工业管理，促进玉米深加工业健康发展，我委制定了《关
于促进玉米深加工业健康发展的指导意见》，经报请国务院同意，现印发你们，请
认真贯彻执行。

玉米是我国三大主要粮食作物之一，不仅可以作为食品和饲料，也是一种重
要的、可再生的工业原料，在国家食物安全中占有重要的地位。正确处理好玉米
生产、加工与消费的关系，对稳定粮食价格，确保国家食物安全具有重要意义。
近年来，玉米加工业的发展，对提高人民的膳食水平、推动农业产业化、稳定并
增加玉米生产、促进农民增收发挥了积极的作用，但同时一些地区也出现了玉米
加工能力扩张过快、低水平重复建设严重、玉米加工转化利用效率低和污染环境
等问题，部分在建项目不符合土地审批、环境评价、信贷政策的要求，对此要予
以高度重视。各地区、各有关部门要把指导玉米加工业健康有序发展作为当前加
强宏观调控的一项重要任务，抓紧抓好。

附件：关于促进玉米深加工业健康发展的指导意见

中华人民共和国国家发展和改革委员会
二〇〇七年九月五日

附件

关于促进玉米深加工业健康发展的指导意见

国家发展和改革委员会
2007 年 9 月

前 言

玉米是我国三大主要粮食作物之一，用途广、产业链长，不仅可以作为食品和饲料，还是一种重要的可再生的工业原料，在国家粮食安全中占有重要的地位。以玉米为原料的加工业包括食品加工业、饲料加工业和深加工业三个方面，其中玉米深加工业是指以玉米初加工产品为原料或直接以玉米为原料，利用生物酶制剂催化转化技术、微生物发酵技术等现代生物工程技术并辅以物理、化学方法，进一步加工转化的工业。

"十五"以来，我国玉米深加工业也呈现快速增长的态势，对带动农业结构调整、加快产业化经营、调动农民种粮积极性、稳定玉米生产、促进农民增收等具有积极的作用。但是，近年来玉米深加工业在发展过程中也出现了加工能力盲目扩张、重复建设严重的情况，一些主产区上玉米深加工项目的积极性高涨，新建、扩建或拟建项目合计产能增长速度大大超过玉米产量增长幅度，导致了外调原粮数量减少，并影响到饲料加工、禽畜养殖等相关行业的正常发展。如果玉米深加工产业不考虑国内的资源情况而盲目发展，将会产生一系列不利影响。

为防止一哄而上、盲目建设和投资浪费，严格控制玉米深加工过快增长，实现饲料加工业和玉米深加工业的协调发展，保障国家食物安全，特制定《关于促进玉米深加工业健康发展的指导意见》。

一、我国玉米加工业发展现状及面临的形势

（一）发展现状

"十五"期间我国玉米消费量从 2000 年的 1.12 亿 t 增长到 2005 年的 1.27 亿 t，年均增长 2.5%。2006 年国内玉米消费量（不含出口）为 1.34 亿 t，比 2005 年增长 5.5%；其中，饲用消费 8 400 万 t，占国内玉米消费总量的 64.2%，比重呈下降趋势；深加工消耗玉米 3 589 万 t，占消费总量的 26.8%，比重呈增长趋势；种用和食用消费相对稳定。特别需要注意的是，近两年来随着化石能源在全球范围内

的供应趋紧，以玉米淀粉、乙醇及其衍生产品为代表的玉米深加工业发展迅速，成为农产品加工业中发展最快的行业之一，并表现出如下特点：

一是深加工消耗玉米量快速增长。2006 年深加工业消耗玉米数量比 2003 年的 1 650 万 t 增加了 1 839 万 t，累计增幅 117.5%，年均增幅高达 29.6%。

二是企业规模不断提高。玉米加工企业通过新建、兼并和重组等方式，提高了产业集中程度，出现了一批驰名中外的大型和特大型加工企业，拥有玉米综合加工能力亚洲第一、世界第三且在多元醇加工领域拥有核心技术的大型企业。

三是产品结构进一步优化。玉米加工产品逐渐由传统的初级产品淀粉、酒精向精深加工扩展，氨基酸、有机酸、多元醇、淀粉糖和酶制剂等产品所占比重不断扩大，产业链不断延长，资源利用效率不断提高。

四是产业布局向原料产地转移的趋势明显。2006 年，东北三省、内蒙古、山东、河北、河南和安徽 8 个玉米产区深加工消耗玉米量合计 2 965 万 t，占全国深加工玉米消耗总量的 82.6%。

五是对种植业结构调整和农民增收的带动作用日益增强，玉米种植面积保持稳定增长。以玉米深加工转化为主导的农产品加工业已发展成为玉米主产省区的支柱产业和新的经济增长点，有效缓解了农民卖粮难问题，促进了农民增收。

专栏 1　2006 年以玉米为原料的深加工主要产品及玉米消耗量　　　单位：万 t

行业	产品	产量	玉米消耗量
淀粉加工产品	发酵制品	460	1 069
	淀粉糖	500	850
	多元醇	70	120
	变性淀粉	70	120
	其他医药、化工产品等	—	150
酒精	食用酒精	174	560
	工业酒精	142	448
	燃料乙醇	85	272
合计		—	3 589

（二）存在的问题

玉米加工业存在的问题主要集中深加工领域，主要体现在以下几个方面。

一是玉米深加工产能扩张过快，增长幅度超过玉米产量增长水平。"十五"期间，我国玉米深加工转化消耗玉米数量累计增长 94%，年均增长 14%；而同期玉米产量仅增长了 31%，年均增长率仅为 4.2%，远低于工业加工产能扩张的速度。部分主产区玉米深加工项目低水平重复建设现象严重，一些产区已经出现加工能力过快扩张、原料紧张的倾向。

二是企业多为粗放型加工，初级产品多，产品结构不合理，部分小型企业加工转化效率低，资源综合利用率不高。

三是部分企业不搞循环经济，污染比较严重。目前，全国年产 3 万 t 或以下的小型玉米淀粉加工企业占 20%左右，很多企业工艺技术水平不高，又不搞循环经济、环保工程，成为新的污染源。

四是专用玉米生产基地不足，贸、工、农一体化的产业化经营格局尚未真正形成，玉米种植标准化水平低，影响玉米深加工企业的效益。

适度发展玉米深加工产业，对调动农民种粮积极性、稳定玉米生产、促进农民增收、推动地方经济发展是有积极的促进作用的。但是，我国人多地少的基本国情，决定了在今后一个相当长的时期内，我国粮食产需紧平衡的态势不会改变。如果玉米深加工产业发展不考虑国内的资源情况而盲目扩张，将会产生一系列负面影响：一是可能会打破国内玉米供求格局，东北地区调出玉米量将大大减少，使南方主销区的饲料原料从依靠国内供给转为依靠进口，增加国家食物安全风险；二是玉米是最主要的饲料原料，玉米深加工业过度发展会挤占饲料玉米的供应总量，进而影响到肉禽蛋奶等人民生活必需品的正常供应；三是导致市场竞争更加激烈，加工企业将面临更大的风险，不仅影响玉米深加工业的健康发展，而且会造成玉米供求关系变化和价格波动，直接影响农民收入；四是玉米价格上涨将改变与稻谷、小麦、大豆等粮食作物的正常比价，继而影响粮食种植结构的合理化；五是引发国际粮价的波动。如果中国开始大量进口玉米，将改变全球玉米供求格局，国际玉米价格可能出现较大幅度的波动。

（三）面临的形势

1. 国内玉米产量增长缓慢，原料问题将成为玉米加工业发展的瓶颈

"十一五"期间我国粮食消费将继续保持刚性增长，而受耕地减少、水资源短缺等因素制约，粮食生产持续保持较大幅度增产的可能性不大，粮食供求将处于紧平衡状态。从玉米的产需形势看，预计到 2010 年国内玉米产量为 1.5 亿 t 左右，比 2006 年增长 3.5%；国内玉米需求将超过 1.5 亿 t，较 2006 年增长 14.3%，产需关系将处于紧平衡的态势。

2. 国际市场供需将持续偏紧，依靠进口补足国内缺口的难度较大

2006 年全球玉米产量约为 6.9 亿 t，预计 2010 年将增长到 8.2 亿 t；消费量约

7.2 亿 t，预计 2010 年将达到 8 亿 t 左右，在多数年份中玉米产量低于消费量。产销矛盾反映到库存上，将使全球库存持续处于较低水平。2006 年全球玉米库存为 9 300 万 t，为过去 20 年来的最低水平；预计 2010 年全球玉米库存为 9 471 万 t，仍将是历史较低水平。从玉米贸易看，2006 年全球玉米贸易量为 7 891 万 t，预计 2010 年将增至 8 390 万 t，趋势上虽然增长，但数量很小。预计未来 3 年全球玉米供求将处于紧平衡的格局，全球玉米贸易增长有限，低库存将成为一种常态，我国难以依靠国际市场解决国内深加工原料不足问题。

3. 深加工业与饲料养殖业争粮的矛盾将更加突出

根据当前国内肉蛋奶的消费现状与未来发展趋势，预测 2010 年养殖业对饲用玉米的需求量将达到 1.01 亿 t，"十一五"期间预计年均增长 4.7%。我国的养殖结构为猪肉占 55%，肉禽和蛋禽占 38%，反刍类和水产类占 7%，因此未来养殖业对饲料的需求增长主要体现在生猪和禽类上。提供均衡营养的饲料一般由 60% 的能量原料和 25% 的蛋白类原料构成，玉米是最好的能量原料。从饲料投喂方式看，猪肉和肉禽、蛋禽饲料生产中要添加 60% 的玉米，才能最佳发挥饲料效力。玉米深加工中的副产品玉米蛋白粉（DDGS）是一种蛋白类原料，它与玉米不具有替代性。

肉蛋奶等养殖产品与人民群众的日常生活息息相关，其供应状况关乎国计民生和社会稳定，应给予优先发展。但是，由于饲料养殖业的产品附加值一般低于玉米深加工业，在原料竞争中往往处于劣势。如何保证饲料养殖业对玉米原料的需求，从而保障国家食物安全，是玉米深加工业发展需要处理好的重大关系。

二、指导思想和基本原则

（一）指导思想

贯彻落实科学发展观，按照全面建设小康社会和走新型工业化道路的要求，以保障国家食物安全和提高资源利用效率为前提，以满足国内市场需求为导向，严格控制玉米深加工盲目过快发展，合理控制深加工玉米用量的增长速度和总量规模，优先保证饲料加工业对玉米的需求，促进玉米深加工业健康发展；推进玉米深加工业结构调整和产业升级，提高行业发展总体水平；优化区域布局，形成重点突出、分工明确、各有侧重的发展格局；推动产业化经营，引导优质专用玉米基地建设，反哺农业生产；发展循环经济，延伸资源加工产业链，提高综合利用水平。

（二）基本原则

一是控制规模，协调发展。严格控制玉米深加工项目盲目投资和低水平重复建设，坚决遏制过快发展的势头，使其发展与国内玉米生产能力相适应。

二是饲料优先，统筹兼顾。在充分保证饲料养殖业、食用和生产用种对玉米需求的基础上，根据剩余可用玉米数量适度发展深加工业，确保饲用、食用和生产用种玉米供应安全。

三是合理布局，优化结构。优化饲料加工业和玉米深加工业布局，在确保东北地区及内蒙古作为商品玉米产区地位不动摇的前提下，积极发展饲料加工业，适度发展深加工业。

四是立足国内，加强引导。玉米加工产业发展应以满足。

国内市场需求为基本思想，加强对玉米初加工及部分深加工产品出口的必要控制，避免加剧国内玉米资源的短缺局面。同时，鼓励适度进口一定数量的玉米，以满足国内市场需求。

五是循环经济，综合利用。坚持循环经济的理念，加快玉米深加工业的结构调整，坚持上规模上水平，提高资源利用水平和效益，减少污染物排放，降低单位产品能耗、物耗。

三、总体目标

通过政策引导与市场竞争相结合，加快产业结构、产品结构和企业布局的调整，淘汰一批落后生产力，提高自主创新能力，提升行业的技术和装备水平，形成结构优化、布局合理、资源节约、环境友好、技术进步和可持续发展的玉米加工业体系。"十一五"时期主要目标如下。

（1）保持协调发展。"十一五"时期饲料玉米用量的年增长率保持4.7%左右；控制深加工玉米用量的增长，保持基本稳定。

（2）用粮规模控制在合理水平。玉米深加工业用粮规模占玉米消费总量的比例控制在26%以内。

（3）区域布局更加合理。以东北和华北黄淮海玉米主产区为重点，加强玉米生产基地和加工业基地建设。到2010年东北三省及内蒙古玉米输出总量（不含出口）力争不低于1 700万t，输出总量占当地玉米产量的比重不低于30%。

（4）产业结构不断优化。企业规模化、集团化进程加快，资源进一步向优势企业集中，骨干企业的国际竞争力明显增强。

（5）基本建立起安全、优质、高效的玉米深加工技术支撑体系和监管体系，可持续发展能力增强。

（6）玉米利用效率显著提高，副产物得以综合利用，产业链不断延长。到 2010 年，深加工单位产品原料利用率达到 97% 以上，玉米消耗量比目前下降 8% 以上。

（7）资源消耗逐步降低，污染物全部达标排放。单位产值能耗降低 20%，单位工业增加值用水量降低 30%，玉米加工副产品及工业固体废物综合利用率达到 95% 以上，主要污染物排放总量减少 15%。

四、行业准入

根据"十一五"期间我国食品工业、饲料养殖业发展的目标，结合未来 4 年农业产量增长前景，从行业准入、生产规模、技术水平、资源利用与节约、环保要求、循环经济等方面，对玉米深加工业的发展严格行业准入标准。

（一）建设项目的核准

调整现行玉米深加工项目管理方式，实行项目核准制。所有新建和改扩建玉米深加工项目，必须经国务院投资主管部门核准。

将玉米深加工项目，列入限制类外商投资产业目录。试点期间暂不允许外商投资生物液体燃料乙醇生产项目和兼并、收购、重组国内燃料乙醇生产企业。

基于目前玉米深加工业发展的状况，"十一五"时期对已经备案但尚未开工的拟建项目停止建设；原则上不再核准新建玉米深加工项目；加强对现有企业改扩建项目的审查，严格控制产能盲目扩大，避免低水平项目建设。

（二）产品结构调整方向

"十一五"期间，玉米深加工结构调整的重点是提高淀粉糖、多元醇等国内供给不足产品的供给；稳定以玉米为原料的普通淀粉生产；控制发展味精等国内供需基本平衡和供大于求的产品；限制发展以玉米为原料的柠檬酸、赖氨酸等供大于求、出口导向型产品，以及以玉米为原料的食用酒精和工业酒精。

（三）企业资格

从事玉米深加工的企业必须具备一定的经济实力和抗风险能力，而且诚实守信、社会责任感强。现有净资产不得低于拟建项目所需资本金的 2 倍，总资产不得低于拟建项目所需总投资的 2.5 倍，资产负债率不得高于 60%，项目资本金比例不得低于项目总投资 35%，省级金融机构评定的信用等级须达到 AA。

（四）资源节约与环境保护

现有玉米深加工企业要在资源利用、清洁生产、环境保护等方面达到行业国内先进水平。为加快结构调整进行的改扩建项目的原料利用率必须达到97%以上、淀粉得率68%以上，主要行业的能耗、水耗、主要污染物排放量等技术指标按照相关标准执行。

专栏2　新建、扩建玉米深加工项目的能耗、水耗等指标要求

行业	产品	玉米消耗/ （t/t 产品）	能源消耗/ （t 标煤/t 产品）	水消耗/ （t/t 产品）
淀粉	淀粉	≤1.5	≤0.9	≤8
发酵制品	味精	≤2.5	≤2.8	≤100
	柠檬酸	≤1.8	≤2.5	≤40
	乳酸	≤2.1	≤2.5	≤60
	酶制剂	≤3.0	≤2.0	≤10
淀粉糖	葡萄糖	≤1.7	≤0.9	≤14
	麦芽糖	≤1.7	≤0.8	≤14
多元醇	山梨醇	≤1.7	≤1.5	≤25
酒精	酒精	≤3.15	≤0.7	≤40

五、区域布局

（一）饲料加工业布局

自改革开放以来，受到经济发展水平影响，我国猪、禽养殖业主要集中在东部沿海和中部粮食主产区。与此相对应，我国饲料加工业也主要分布在这些地区。2005年，东部沿海10省市和中部6省肉类产量和工业饲料产量占全国的比重分别为61.9%和64.3%，东北3省为10.1%和14.4%，西部地区12省区市为28.0%和21.3%。从发展趋势看，随着近几年来东北地区畜牧业发展速度的加快，加上越来越多的东部沿海饲料加工企业到东北等玉米主产区投资办厂，东北等玉米主产区饲料加工业的地位将提高。

"十一五"时期，在稳定东部沿海的同时，稳步提高中部的发展水平，积极发展东北和西部玉米产区的饲料加工业。东部沿海地区和大城市郊区重点发展高附加值、高档次的饲料加工业、添加剂工业和饲料机械工业；东北和中部地区积极发展饲料原料和饲料加工业，加快粮食转化增值；西南山地玉米区、西北灌溉玉米区和青藏高原玉米区要建立玉米饲料生产基地，加快发展玉米饲料加工业。有条件的地方要充分利用边际土地发展青贮玉米。

（二）深加工业布局

"十一五"时期，重点是优化产业布局，调整企业结构，延长产业链，培育产业集群，提高现有企业的竞争力。对于严重缺乏玉米和水资源的地区、重点环境保护地区，不再核准玉米深加工项目。主要行业的布局见专栏3。

专栏3   玉米深加工业区域布局的结构调整方向

行业	区域布局
淀粉	以山东、吉林、河北、辽宁等4省为主，重点是用于造纸、纺织、建筑和化工等行业需要的高附加值的特种变性淀粉，稳定以玉米为原料的普通淀粉生产
淀粉糖	以山东、河北、吉林为主，重点是作为食糖补充的固体淀粉糖，以及用作食品配料的多元醇（糖醇）
发酵制品	以山东、安徽、江苏、浙江等省为主，重点是进口替代的食品和医药行业需要的小品种氨基酸和其他新的发酵制品，不再新建或扩建柠檬酸、味精、赖氨酸、酒精等项目
多元醇	以吉林、安徽现有企业和规模进行试点，不再新建或改扩建其他化工醇项目，并结合国内玉米供需状况稳定发展
燃料乙醇	以黑龙江、吉林、安徽、河南等省现有企业和规模为主，按照国家车用燃料乙醇"十一五"发展规划的要求，不再建设新的以玉米为主要原料的燃料乙醇项目

六、政策措施

针对玉米加工业存在的问题，要采取综合性措施，加强对玉米深加工业的宏观调控，实现饲料加工业和玉米深加工业的协调发展，确保国家食物安全。

（一）加强对新建、扩建项目宏观调控，全面清理在建、拟建项目

各地区、各有关部门要按照国家发展改革委下发的《国家发展改革委关于加强玉米加工项目建设管理的紧急通知》和《国家发展改革委关于清理玉米深加工在建、拟建项目的紧急通知》的文件精神，立即停止备案玉米深加工项目，对在建、拟建项目进行全面清理。对已经备案但尚未开工的拟建项目，停止项目建设；对不符合项目土地审批、环境评价、城市规划、信贷政策等方面规定的项目，要暂停建设，限期整改，并将整改情况报国家发展改革委。

（二）科学规划，加强政策指导

玉米主产区要从保障国家粮食安全的全局利益出发，统筹规划本地区玉米生产、饲料加工业和深加工业的发展，严格控制玉米深加工业产能规模盲目扩张，使之与《食品工业"十一五"发展纲要》和《饲料加工业"十一五"发展规划》相衔接，并由国家发展改革委对各地规划进行必要的指导，以加强对玉米加工业发展的宏观调控。

（三）保持玉米食用消费、饲料和深加工的协调发展

对不同类型玉米加工业，实施区别对待的发展政策。一是鼓励发展玉米食品加工业，开发玉米食品加工新技术、新产品，提高产品科技含量和附加值，提高粮农和企业的经济效益。二是稳步发展饲料加工业，不断开发优质高效的饲料产品，提高饲料的质量安全水平，确保畜牧业发展对玉米饲料的要求。三是适度发展玉米深加工业，鼓励发展高附加值产品，限制发展供给过剩和高耗能、低附加值的产品以及出口导向型产品，严格控制深加工消耗玉米数量。

（四）加快产业结构调整

严格执行《促进产业结构调整暂行规定》和《产业结构调整指导目录》，淘汰低水平、高消耗、污染严重的企业，尤其是没有污水处理设施的小型淀粉和淀粉糖（醇）企业。完善产业组织形式，形成以大型企业为主导、中小企业配套合理的产业组织结构。积极培育大型玉米加工企业，推动结构调整，提高行业发展水平。鼓励和支持具有一定生产规模、市场前景看好、发展潜力大的国内玉米加工企业，通过联合、兼并和重组等形式，发展若干家大型企业集团，提高产业的集中度和核心竞争力。鼓励和引导玉米加工企业加强科技研发，增强自主创新能力，提高产品质量和档次，提升产业发展的整体水平。

（五）适当调整玉米及加工产品进出口政策

各地区原则上要减少玉米出口，以保证国内供求平衡。建立灵活的玉米进出口数量调节制度，在保证国内玉米生产稳定的条件下，东南沿海玉米主销区在国际市场玉米价格较低时，可适当进口部分玉米，满足国内饲料加工业的需求。研究完善玉米初加工产品和部分深加工产品的出口退税政策。具体产品名录另行规定。

（六）推进行业技术进步

加强科技研发，增强自主创新能力，不断提高产业的整体技术水平，实现产业升级。支持玉米加工业共性关键技术装备研发。重点支持玉米保质干燥、精深加工关键技术、新产品开发和重点装备的研发工作。

氨基酸行业要淘汰传统工艺和产酸低的微生物，确保菌种发酵的综合技术水平达到国际先进水平；废物全部利用生产蛋白饲料或生物发酵肥，减少外排废水中的 COD 值，全部达标排放。

有机酸行业要淘汰钙盐法提取工艺，缩短发酵周期 10%，提高产酸率和总收得率，降低电耗和水耗。

淀粉糖行业要采用新型的高效酶制剂、膜和色谱分离技术，开发水、汽和热能的循环利用工艺。

多元醇行业要应用现代生物技术开发国内急需的二元醇新产品，降低吨产品的玉米原料消耗和能源消耗。

酒精行业要淘汰高温蒸煮工艺、稀醪酒精发酵、常压蒸馏等工艺；鼓励采用浓醪发酵、耐高温酵母等新技术，提高玉米综合利用水平。

（七）提高资源综合利用效率

坚持循环经济的理念，对加工过程中产生的副产品尽可能回收，原料利用率达到 97% 以上。延长加工产业链，提高玉米转化增值空间。降低资源消耗，走资源节约型发展道路。坚持清洁生产，实现污染物达标排放，建设环境友好型的玉米加工产业。

（八）大力开发饲料资源，提高保障能力

实施"青贮玉米饲料生产工程"，扩大"秸秆养畜示范项目"实施范围，建设青贮玉米饲料生产基地，促进秸秆资源的饲料化利用，降低饲料粮消耗。积极开发蛋白质饲料资源，充分利用动物血、肉、骨等动物屠宰下脚料和食品加工副产品，提高农副产品利用效率。

（九）增强扶持力度，鼓励玉米生产

继续实施各项支农惠农政策，稳定发展玉米生产，继续实施玉米良种补贴政策，加大对玉米优良品种种植技术的科研和推广力度，加强以中低产田改造为重点的农业生产能力建设，通过提高单产水平不断提高玉米产量。根据加工业对原料的需求，调整玉米种植结构，发展鲜（糯）玉米、饲用玉米、高油玉米、蜡质玉米、高直链玉米等优质、专用玉米生产基地。

（十）鼓励玉米加工企业"走出去"，开拓国际资源

积极参与世界粮食市场竞争，充分利用全球土地资源，通过融资支持、税收优惠、技术输出等国家统一制定的支持政策，鼓励玉米加工企业到周边、非洲、拉美等国家和地区建立玉米生产基地，发展玉米加工和畜禽养殖业，延伸国内农业生产能力，减少国内粮食生产的压力。

（十一）发挥中介组织作用，加强行业运行监测分析

充分发挥行业协会和其他中介组织在协助项目审查、信息统计、行业自律、技术咨询、法律规范与标准制定等方面的作用，协助政府及时、准确、全面地把握行业运行和投资情况，为国家宏观调控提供科学依据。

附：相关术语注释

1. 玉米加工业：是指以玉米为原料的加工业。按照产品的用途，玉米加工业可分为食品加工、饲料加工和工业加工3个方面；按照加工的程度，可分为初加工（称为一次加工）和深加工。

2. 玉米深加工业：玉米深加工产业是指以玉米初加工产品为原料或直接以玉米为原料，利用生物酶制剂催化转化技术、微生物发酵技术等现代生物工程技术并辅以物理、化学方法，进一步进行加工转化的工业。玉米深加工产品主要有四类：一是发酵制品，包括氨基酸（味精、饲料用赖氨酸、苯丙氨酸、苏氨酸、精氨酸）、强力鲜味剂（肌苷酸、鸟苷酸）、有机酸（柠檬酸、乳酸、衣康酸等）、酶制剂、酵母（食用、饲用）、功能食品等；二是淀粉糖，包括葡萄糖（浆）、麦芽糖（浆）、糊精、饴糖、高果葡糖浆、啤酒用糖浆、功能性低聚糖（低聚果糖、低聚木糖、低聚异麦芽糖）；三是多元醇，包括山梨糖醇、木糖醇、麦芽糖醇、甘露糖醇、低聚异麦芽糖醇、乙二醇、环氧乙烷、丙二醇等；四是酒精类产品，包括食用酒精、工业酒精、燃料乙醇等。

3. 工业饲料：经过工业化加工制作的、供动物食用的饲料，主要成分及其构成一般是：能量饲料（60%）、蛋白质饲料（20%）和矿物质及饲料添加剂（20%）。

4. 能量饲料：干物质中粗纤维含量在18%以下、粗蛋白质含量在20%以下、每千克消化能在10.5 MJ以上的饲料均属于能量饲料，玉米、小麦、稻谷、糠麸

和根茎类植物都是能量饲料，其中玉米每千克总能 17.1～18.2 MJ，消化率可达 92%～97%，被称为"饲料之王"。

5. 蛋白质饲料：干物质中粗纤维含量在 18%以下、粗蛋白质含量在 20%以上的饲料，是配合饲料主要成分之一，根据其来源可分为植物性蛋白质饲料、动物性蛋白质饲料和微生物单细胞蛋白质饲料。其中豆粕、棉粕、菜籽粕是主要植物性蛋白质饲料；鱼粉、血粉、肉骨粉是主要的动物性蛋白质饲料；饲料酵母是主要的微生物单细胞蛋白饲料，DDGS 是酒精生产中产生的副产物，含有 27%～28%的蛋白质，可作蛋白饲料。

6. 淀粉得率：是指经过加工得到的淀粉与原料玉米的百分比。

7. 原料利用率：是指加工得到的淀粉和副产品（玉米皮、玉米胚芽和玉米蛋白粉等）与原料玉米的百分比。

发布部门：国家发展和改革委员会（含原国家发展计划委员会、原国家计划委员会）

发布日期：2007 年 9 月 5 日　实施日期：2007 年 9 月 5 日（中央法规）

附录 4-3　轻工业调整和振兴规划

轻工业调整和振兴规划

（国务院，2009.5.18）

　　轻工业承担着繁荣市场、增加出口、扩大就业、服务"三农"的重要任务，是国民经济的重要产业，在经济和社会发展中起着举足轻重的作用。为应对国际金融危机的影响，落实党中央、国务院关于保增长、扩内需、调结构的总体要求，确保轻工业稳定发展，加快结构调整，推进产业升级，特编制本规划，作为轻工业综合性应对措施的行动方案。规划期为 2009—2011 年。

一、轻工业现状及面临的形势

　　进入 21 世纪以来，我国轻工业快速发展，企业规模与实力明显提高，产业竞争力不断增强，吸纳就业和惠农作用显著。2008 年，我国轻工业实现增加值 26 235 亿元，占国内生产总值的 8.7%，家电、皮革、塑料、食品、家具、五金制品等行业 100 多种产品产量居世界第一；出口总额 3 092 亿美元，占全国出口总额的 21.7%，产品出口 200 多个国家和地区，家电、皮革、家具、羽绒制品、自行车等产品国际市场占有率超过 50%。全行业吸纳就业 3 500 万人。轻工业 70% 的行业、50% 的产值涉及农副产品加工，使 2 亿多农民直接受益，对解决"三农"问题发挥了不可替代的作用。制浆造纸、家用电器、塑料制品、皮革等行业通过引进消化吸收国外技术和关键设备，具备了较强的集成创新能力和一定的自主创新能力。我国已成为轻工产品生产和消费大国。

　　但是，轻工业在快速发展的同时，长期积累的矛盾和问题也逐步显现。一是自主创新能力不强。出口产品以贴牌加工为主，产品附加值较低，关键技术装备主要依赖进口。二是产业结构亟待调整。生产能力主要分布在沿海地区，中西部地区发展滞后。出口市场主要集中在欧、美、日，尚未形成多元化格局。中低端产品多，高质量、高附加值产品少。低水平重复建设和盲目扩张严重。三是节能减排任务艰巨。化学需氧量（COD）排放占全国工业排放总量的 50%，废水排放量占全国工业废水排放总量的 28%。四是产品质量问题突出。产品质量保障体系不完善，企业质量安全意识不强，食品安全事件时有发生。

　　2008 年下半年以来，国际金融危机对我国轻工业造成严重冲击，国内外市场供求失衡，产品库存积压严重，企业融资困难，生产经营陷入困境，轻工业稳定发展形势严峻。我国轻工业市场化程度较高，适应能力较强，产品在国际市场上也具有一定的比较优势，内需市场的进一步扩大，为轻工业发展提供了广阔的市场空间。只要抓住时机，充分利用市场倒逼机制，下决心积极采取综合措施，就能够实现轻工业的调整和振兴。

二、指导思想、基本原则和目标

（一）指导思想

全面贯彻党的十七大精神，以邓小平理论和"三个代表"重要思想为指导，深入贯彻落实科学发展观，按照保增长、扩内需、调结构的总体要求，采取综合措施，扩大城乡市场需求，巩固和开拓国际市场，保持轻工业平稳发展；通过加快自主创新，实施技术改造，推进自主品牌建设，淘汰落后产能，着力推动轻工业结构调整和产业升级；走绿色生态、质量安全和循环经济的新型轻工业发展之路，进一步增强轻工业繁荣市场、扩大就业、服务"三农"的支柱产业地位。

（二）基本原则

1. 积极扩大内需，稳定国际市场。加强消费政策引导，增加有效供给，促进轻工产品消费。巩固传统出口市场，开拓国际新兴市场。

2. 突出重点行业，培育骨干企业。将产业关联度高、吸纳就业能力强、拉动消费效果显著、结构调整带动作用大的行业作为调整和振兴的重点，支持产品质量好、市场竞争力强、具有自主品牌的骨干企业发展壮大。

3. 扶持中小企业，促进劳动就业。采取积极的金融信贷、信用担保等政策，支持业绩良好、具有发展潜质的中小企业发展，充分发挥中小企业吸纳劳动力就业的作用。

4. 加快技术进步，淘汰落后产能。提高企业自主创新能力，重点推进装备自主化和关键技术产业化；加快造纸、家电、塑料、照明电器等行业技术改造步伐，淘汰高耗能、高耗水、污染大、效率低的落后工艺和设备，严格控制新增产能。

5. 保障产品质量，强化食品安全。以食品、家具、玩具和装饰装修等涉及人民群众身体健康的行业为重点，加强质量管理，完善标准和检测体系，打击制售假冒伪劣产品的违法行为，保障产品使用和食用安全。

（三）规划目标

1. 生产保持平稳增长。在稳定出口和扩大内需的带动下，轻工业产销稳定增长，行业效益整体回升，3 年累计新增就业岗位 300 万个左右。

2. 自主创新取得成效。变频空调压缩机、新能源电池、农用新型塑料材料、新型节能环保光源等关键生产技术取得突破。重点行业装备自主化水平稳步提高，中型高速纸机成套装备实现自主化，食品装备自给率提高到 60%。

3. 产业结构得到优化。企业重组取得进展，再形成 10 个年销售收入 150 亿元以上的大型轻工企业集团。轻工业特色区域和产业集群增加 100 个，东中西部轻工业协调发展。新增自主品牌 100 个左右。

4. 污染物排放明显下降。到 2011 年，主要行业 COD 排放比 2007 年减少 25.5 万 t，降低 10%，其中食品行业减少 14 万 t、造纸行业减少 10 万 t、皮革行业减少 1.5 万 t；废水排放比 2007 年减少 19.5 亿 t，降低 29%，其中食品行业减少 10 亿 t、造纸行业减少 9 亿 t、皮革行业减少 0.5 亿 t。

5. 淘汰落后取得实效。淘汰落后制浆造纸 200 万 t 以上、低能效冰箱（含冰柜）3 000 万台、皮革 3 000 万标张、含汞扣式碱锰电池 90 亿只、白炽灯 6 亿只、酒精 100 万 t、味精 12 万 t、柠檬酸 5 万 t 的产能。

6. 安全质量全面提高。完善轻工业标准体系，制订、修订国家和行业标准 1 000 项。生产企业资质合格，内部管理制度完善，规模以上食品生产企业普遍按照 GMP（优良制造标准）要求组织生产。质量安全保障机制更加健全，产品质量全部符合法律法规以及相关标准的要求。

三、产业调整和振兴的主要任务

（一）稳定国内外市场

1. 促进国内消费。总结"家电下乡"的试点经验，完善农村家电物流、销售、维修体系，切实做好"家电下乡"工作。加快皮革、家具、五金、家电、塑料、文体用品、缝制机械、制糖等行业重点专业市场建设，进一步发挥专业流通市场的作用。指导工商企业开展深度合作，加快市场需求信息传导，鼓励商贸企业扩大采购和销售轻工产品的规模。

2. 增加有效供给。丰富产品花色品种，研发生产满足多层次消费需求的产品。生产与安居工程、新农村建设、教育医疗、灾后重建、农村基础设施、交通设施以及放心粮油进农村、进社区示范工程等相配套的轻工产品。开发个性化的文体用品及特色旅游休闲产品。积极发展少数民族特需用品。

3. 稳定和开拓国际市场。积极应对贸易摩擦，巩固美、欧、日等传统国际市场；实施出口多元化战略，积极开拓中东、俄罗斯、非洲、北欧、东南亚、西亚等新兴市场。一是支持骨干企业通过多种方式"走出去"，在主要销售市场设立物流中心和分销中心。二是建立经贸合作区，积极推进海外工业园区和经贸合作区建设。三是继续支持外贸专业市场建设，建设针对东南亚、中亚、东北亚等地区的轻工产品边境贸易专业市场，在中东、北欧、俄罗斯等有条件的地区组建中国轻工产品贸易中心，加强对外宣传，方便货物、人员出入境。四是发挥加工贸易作用，支持企业扩大加工贸易。

4．健全外贸服务体系。建立轻工出口产品国内外技术法规、标准管理服务平台和培训体系，以及质量安全案例通报、退货核查、预警和应急处理系统，提高企业质量管理水平，维护中国产品形象。简化轻工产品出口通关、检验手续，降低相关收费标准，提高通关效率，促进贸易便利化。

（二）增强自主创新能力

1．提高重点装备自主化水平。在引进消化吸收再创新的基础上，突破重点装备关键技术，加快装备自主化。造纸装备重点发展大幅宽、高车速造纸成套设备。食品装备重点发展新型绿色分离设备、节能高效蒸发浓缩设备、高速和无菌罐装设备、膜式错流过滤机、高速吹瓶设备等，自主化率由40%提高到60%。塑料成型装备重点发展全闭环伺服驱动、电磁感应加热和多层共挤技术的挤出设备。工业缝制装备重点发展电控高速多头多功能刺绣机、电控裁剪整烫设备，光机电一体化设备比重由10%提高到50%，生产效率提高40%。

2．推进关键技术创新与产业化。采取产学研结合模式，支持农用新型塑料材料、变频空调压缩机、高效节能节材型冰箱压缩机、隧道式大型连续洗涤机组、糖能联产、新型节能环保光源、新型微生物高浓废水处理复合材料、特色功能表面活性剂、新能源电池、污染物减排与废弃物资源化利用等关键技术、设备的创新与产业化。建立重点行业公共技术创新服务平台，建立粮油、电池、皮革行业国家工程技术研究中心，建立造纸、发酵、酿酒、制糖及皮革技术创新联盟。

3．做好公共服务。完善轻工业特色区域和产业集群公共服务平台建设，为企业提供信息、技术开发、技术咨询、产品设计与开发、成果推广、产品检测、人才培训等服务。

（三）加快实施技术改造

1．提升行业总体技术水平。支持造纸行业应用深度脱木素、无元素氯漂白、中高浓等技术和全自动控制系统进行技术改造；支持家电行业电冰箱、空调器、洗衣机等关键部件生产线升级改造，实现高端及高效节能电冰箱、空调器、洗衣机等产品的产业化；支持塑料行业绿色塑料建材、多功能宽幅农膜生产技术升级；支持表面活性剂行业推广应用绿色表面活性剂，实现绿色功能性产品产业化；支持五金行业传统加工工艺及设备升级，提高制造水平。

2. 推进企业节能减排。重点对食品、造纸、电池、皮革等行业实施节能减排技术改造。食品行业加快应用新型清洁生产和综合利用技术。造纸行业加快应用清洁生产、非木浆碱回收、污水处理、沼气发电技术，推广污染物排放在线监测系统。电池行业重点推广无汞扣式碱锰电池技术，普通锌锰电池实现无汞、无铅、无镉化，锂离子电池替代镉镍电池。皮革行业加快推广保毛脱毛、无灰浸灰、生态鞣制等清洁生产技术和固体废弃物资源化利用技术。编制重点行业清洁生产推广规划，支持重点行业企业实施循环经济示范工程；推广《国家重点节能技术推广目录（第一批）》中的轻工行业节能技术；支持食品、造纸、电池、皮革行业节能减排计量统计监测体系软硬件建设。

3. 调整产品结构。支持发展市场短缺产品，优化产品结构，提高自给率。支持农副产品深加工，重点推进油料品种多元化，实施高效、低耗、绿色生产，促进油料作物转化增值和深度开发，新增花生油100万t、菜子油100万t、棉籽油50万t、特色油脂100万t产能，保障食用植物油供给安全；继续实施《全国林纸一体化工程建设"十五"及2010年专项规划》，加快重点项目建设，新增木浆220万t、竹浆30万t产能，提高国产木浆比重，推动林纸一体化发展。

（四）实施食品加工安全专项

1. 大力整顿食品加工企业。对全国食品加工企业在生产许可、市场准入、产品标准、质量安全管理方面逐项检查，坚决取缔无卫生许可证、无营业执照、无食品生产许可证的非法生产加工企业，严肃查处有证企业生产不合格产品、非法进出口等违法行为，严厉打击制售假冒伪劣食品、使用非食品原料和回收食品生产加工食品的违法行为。

2. 全面清理食品添加剂和非法添加物。深入开展食品添加剂、非法添加物专项检查和清理工作，按照《食品添加剂使用卫生标准》（GB 2760—2007），理清并发布违法添加的非食用物质和易被滥用的食品添加剂名单，规范食品添加剂安全使用。

3. 加强食品安全监测能力建设。督促粮油、肉及肉制品、乳制品、食品添加剂、饮料、罐头、酿酒、发酵、制糖、焙烤等行业重点企业，增加原料检验、生产过程动态监测、产品出厂检测等先进检验装备，特别是快速检验和在线检测设备。完善企业内部质量控制、监测系统和食品质量可追溯体系。

，　4．提高食品行业准入门槛。明确食品加工企业在原料基地、管理规范、生产操作规程、产品执行标准、质量控制体系等方面的必备条件，加快制定和修订乳制品、肉及肉制品、水产品、粮食、油料、果蔬等重点食品加工行业产业政策和行业准入标准。

　　5．建立健全食品召回及退市制度。建立和完善不合格食品主动召回、责令召回及退市制度，建立食品召回中心，明确食品召回范围、召回级别等具体规定，使食品召回及退市制度切实可行。健全食品质量安全申诉投诉处理体系，加强申诉投诉处理管理。

　　6．加强食品工业企业诚信体系建设。通过政府指导、行业组织推动和企业自律，加快建立以法律法规为准绳、社会道德为基础、企业自律为重点、社会监督为约束、诚信效果可评价、诚信奖惩有制度的食品工业企业诚信体系。制定食品工业企业诚信体系建设指导意见，开展食品企业诚信体系建设试点工作。跟踪评价食品工业企业诚信体系建设指导意见贯彻实施情况，及时修改完善相关规范和标准。

（五）加强自主品牌建设

　　1．支持优势品牌企业跨地区兼并重组、技术改造和创新能力建设，推动产业整合，提高产业集中度，增强品牌企业实力。引导企业开拓国际市场，通过国际参展、广告宣传、质量认证、公共服务平台等多种形式和渠道，提高自主品牌的知名度和竞争力。

　　2．支持国内有实力的企业"走出去"，实施本地化生产，拓展国际市场，扩大产品覆盖面，提高品牌影响力。

　　3．完善认证和检测制度，积极开展与主要贸易伙伴国多层面的交流与合作，提高国际社会对我国检测、认证结果的认可度，树立自主品牌国际形象。

　　4．加强自主品牌保护，加大宣传力度，增强企业和全社会保护自主知名品牌的意识和责任感。

（六）推动产业有序转移

　　1．结合优化区域布局，鼓励具有资源优势等条件的地区充分总结和借鉴产业集群发展经验，改善建设条件和经营环境，积极承接产业转移，着力培育发展轻工业特色区域和产业集群。

　　2．根据行业特点和发展要求推进产业转移。推动冰箱、空调、洗衣机等家电行业重点产品的研发、制造、集散，逐步由珠三角、长三角和环渤海等地区向本区域内有条件地区和中西部地区转移；引导制革和制鞋行业集中的东部沿海地区，利用其优势重点从事研发、设计和贸易，将生产加工向具备资源优势的地区转移；推进陶瓷和发酵行业向有原料优势、能源丰富的地区转移。

同时，产业转移过程中要严格遵守环境保护法律法规，杜绝产业转移成为"污染转移"。

（七）提高产品质量水平

1. 建立产品质量安全保障机制。一是切实贯彻《中华人民共和国产品质量法》，严格市场准入制度和产品质量监督抽查制度，加快建立质量安全风险监测、预警、信息通报、快速处置以及产品追溯、召回和退市制度，严惩质量违法违规企业。二是落实企业对产品质量安全的主体责任，严格执行产品质量标准，全面加强质量管理，从原料采购、生产加工、出厂检验等环节控制产品质量，确保产品质量符合标准要求。三是建立规范的企业质量信用评价制度和产品质量信用记录发布制度，加强行业自律。四是完善国家产品质量检测技术服务平台，提高检测装备水平。

2. 加快行业标准制订和修订工作。制订食品添加剂、肉品、酿酒、乳制品、饮料、家具、装饰装修材料等行业新标准450项，其中食品添加剂等国家标准70项，家具和装饰装修材料等行业国家标准150项。修订塑料、五金、皮革、洗涤用品、饮料等行业标龄超过5年的标准550项。完善家电、造纸、塑料、照明电器、五金、皮革等重点行业的安全标准、基础通用标准、重点产品标准和检测方法标准。制订和修订塑料降解、制浆造纸、皮革鞣制、电池回收等资源节约与环境保护方面的标准，完善相应的技术标准体系。

（八）加强企业自身管理

加大法律宣传力度，加强企业自律，全面提高企业素质，增强企业守法经营意识和社会责任感。深化企业改革，加快现代企业制度建设，完善公司治理结构，提高企业管理的科学性。树立现代管理理念，加强企业管理，提高经营决策、产品设计、资源配置、产品生产、质量管理、市场开拓等水平，增强对市场需求的快速反应能力，努力开发适销对路产品，通过管理提高效益。重视人才培训，提高员工素质，合理配置人力资源。

（九）切实淘汰落后产能

建立产业退出机制，明确淘汰标准，量化淘汰指标，加大淘汰力度。力争三年内淘汰一批技术装备落后、资源能源消耗高、环保不达标的落后产能。造纸行业重点淘汰年产 3.4 万 t 以下草浆生产装置和年产 1.7 万 t 以下化学制浆生产线，关闭排放不达标、年产 1 万 t 以下以废纸为原料的造纸厂。食品行业重点淘汰年产 3 万 t 以下酒精、味精生产工艺及装置。皮革行业重点淘汰年加工 3 万标张以下的生产线。家电行业重点淘汰以氯氟烃为发泡剂或制冷剂的冰箱、冰柜、汽车空调器等产能和低能效产品产能。电池行业重点淘汰汞含量高于 1×10^{-6} 的圆柱形碱锰电池和汞含量高于 5×10^{-6} 的扣式碱锰电池。加快实施节能灯替代，淘汰 6 亿只白炽灯产能。

四、政策措施

（一）进一步扩大"家电下乡"补贴品种。根据农民意愿和行业发展要求，将微波炉和电磁炉纳入"家电下乡"补贴范围，并将每类产品每户只能购买一台的限制放宽到两台。中央财政加大对民族地区和地震重灾区的支持力度。

（二）提高部分轻工产品出口退税率。进一步提高部分不属于"两高一资"的轻工产品的出口退税率，加快出口退税进度，确保及时足额退税。

（三）调整加工贸易目录。继续禁止"两高一资"产品加工贸易。对符合国家产业政策和宏观调控要求，不属于高耗能、高污染的产品，取消加工贸易禁止。对部分劳动密集型产品以及技术含量较高、环保节能的产品，取消加工贸易限制。对全部使用进口资源且生产过程中污染和能耗较低的产品，允许开展加工贸易。

（四）解决涉农产品收储问题。进一步扩大食糖国家储备。鼓励地方政府采取流动资金贷款贴息等措施，支持企业收储纸浆及纸、浓缩苹果汁等涉农产品，缓解产品销售不畅、积压严重的状况。

（五）加强技术创新和技术改造。支持重点装备自主化、关键技术创新与产业化，支持提高重点行业技术装备水平、推进节能减排、强化食品加工安全以及自主品牌建设等。

（六）加大金融支持力度。尽快落实《国务院办公厅关于当前金融促进经济发展的若干意见》（国办发[2008]126 号），鼓励金融机构加大对轻工企业信贷支持力度，对一些基本面较好、带动就业明显、信用记录较好但暂时出现经营困难的企业给予信贷支持，允许将到期的贷款适当展期；简化税务部门审核金融机构呆账核销手续和程序，对中小企业贷款实行税前全额拨备损失准备金；支持符合条件的企业发行公司债券、企业债券、中小企业集合债券、短期融资券等，拓展企业融资渠道；中央和地方财政要加大对资质好、管理规范的中小企业信用担保机构的支持力度，鼓励担保机构为中小型轻工企业提供信用担保和融资服务；利用出口信贷、出口信用保险等金融工具，帮助轻工企业便利贸易融资，防范国际贸易风险。鼓励保险公司开展产品质量保险和出口信用保险，为轻工企业提供风险保障。建立和完善中央集式的、以互联网为基础的动产和权利担保登记中心，简化登记手续，降低登记收费，落实债权人的担保权益。

（七）大力扶持中小企业。现有支持中小企业发展的专项资金（基金）等向轻工企业倾斜，中央外贸发展基金加大对符合条件的轻工企业巩固和开拓国外市场的支持力度；按照有关规定，对中小型轻工企业实施缓缴社会保险费或降低相关社会保险费率等政策。

（八）加强产业政策引导。尽快研究制定发酵、粮油、皮革、电池、照明电器、日用玻璃、农膜等产业政策以及准入条件，研究完善重污染企业和落后产能退出机制，适时调整《产业结构调整指导目录》和《外商投资产业指导目录》。环保、土地、信贷、工商登记等相关政策要与产业政策相互衔接配合，充分体现有保有压的调控作用。

（九）鼓励兼并重组和淘汰落后。认真落实有关兼并重组的政策，在流动资金、债务核定、职工安置等方面给予支持；对于实施兼并重组企业的技术创新、技术改造给予优先支持。各级政府要加大轻工业重点行业淘汰落后产能力度，解决好职工安置、企业转产、债务化解等问题，促进社会和谐稳定。

（十）发挥行业协会作用。充分发挥行业协会在产业发展、技术进步、标准制定、贸易促进、行业准入和公共服务等方面的作用。建立轻工业经济运行及预测预警信息平台，及时反映行业情况和问题，引导企业落实产业政策，加强行业自律。

五、规划实施

国务院有关部门要按照《规划》分工，尽快制定完善相关政策措施，加强沟通，密切配合，确保《规划》顺利实施。要适时开展《规划》的后评价工作，及时提出评价意见。

各地区要按照《规划》确定的目标、任务和政策措施，结合当地实际抓紧制定具体落实方案，确保取得实效。具体工作方案和实施过程中出现的新情况、新问题要及时报送发展改革委、工业和信息化部等有关部门。

附录 4-4　国务院关于印发节能减排综合性工作方案的通知

国务院关于印发节能减排综合性工作方案的通知

（国务院，国发[2007]15 号）

各省、自治区、直辖市人民政府，国务院各部委、各直属机构：

国务院同意发展改革委会同有关部门制定的《节能减排综合性工作方案》（以下简称《方案》），现印发给你们，请结合本地区、本部门实际，认真贯彻执行。

一、充分认识节能减排工作的重要性和紧迫性

《中华人民共和国国民经济和社会发展第十一个五年规划纲要》提出了"十一五"期间单位国内生产总值能耗降低 20%左右，主要污染物排放总量减少 10%的约束性指标。这是贯彻落实科学发展观，构建社会主义和谐社会的重大举措；是建设资源节约型、环境友好型社会的必然选择；是推进经济结构调整，转变增长方式的必由之路；是提高人民生活质量，维护中华民族长远利益的必然要求。

当前，实现节能减排目标面临的形势十分严峻。去年以来，全国上下加强了节能减排工作，国务院发布了加强节能工作的决定，制定了促进节能减排的一系列政策措施，各地区、各部门相继做出了工作部署，节能减排工作取得了积极进展。但是，去年全国没有实现年初确定的节能降耗和污染减排的目标，加大了"十一五"后四年节能减排工作的难度。更为严峻的是，今年一季度，工业特别是高耗能、高污染行业增长过快，占全国工业能耗和二氧化硫排放近 70%的电力、钢铁、有色、建材、石油加工、化工等六大行业增长 20.6%，同比加快 6.6 个百分点。与此同时，各方面工作仍存在认识不到位、责任不明确、措施不配套、政策不完善、投入不落实、协调不得力等问题。这种状况如不及时扭转，不仅今年节能减排工作难以取得明显进展，"十一五"节能减排的总体目标也将难以实现。

我国经济快速增长，各项建设取得巨大成就，但也付出了巨大的资源和环境代价，经济发展与资源环境的矛盾日趋尖锐，群众对环境污染问题反应强烈。这种状况与经济结构不合理、增长方式粗放直接相关。不加快调整经济结构、转变增长方式，资源支撑不住，环境容纳不下，社会承受不起，经济发展难以为继。只有坚持节约发展、清洁发展、安全发展，才能实现经济又好又快发展。同时，温室气体排放引起全球气候变暖，备受国际社会广泛关注。进一步加强节能减排工作，也是应对全球气候变化的迫切需要，是我们应该承担的责任。

各地区、各部门要充分认识节能减排的重要性和紧迫性，真正把思想和行动统一到中央关于节能减排的决策和部署上来。要把节能减排任务完成情况作为检验科学发展观是否落实的重要标准，作为检验经济发展是否"好"的重要标准，正确处理经济增长速度与节能减排的关系，真正把节能减排作为硬任务，使经济增长建立在节约能源资源和保护环境的基础上。要采取果断措施，集中力量，迎难而上，扎扎实实地开展工作，力争通过今明两年的努力，实现节能减排任务完成进度与"十一五"规划实施进度保持同步，为实现"十一五"节能减排目标打下坚实基础。

二、狠抓节能减排责任落实和执法监管

发挥政府主导作用。各级人民政府要充分认识到节能减排约束性指标是强化政府责任的指标，实现这个目标是政府对人民的庄严承诺，必须通过合理配置公共资源，有效运用经济、法律和行政手段，确保实现。当务之急，是要建立健全节能减排工作责任制和问责制，一级抓一级，层层抓落实，形成强有力的工作格局。地方各级人民政府对本行政区域节能减排负总责，政府主要领导是第一责任人。要在科学测算的基础上，把节能减排各项工作目标和任务逐级分解到各市（地）、县和重点企业。要强化政策措施的执行力，加强对节能减排工作进展情况的考核和监督，国务院有关部门定期公布各地节能减排指标完成情况，进行统一考核。要把节能减排作为当前宏观调控重点，作为调整经济结构，转变增长方式的突破口和重要抓手，坚决遏制高耗能、高污染产业过快增长，坚决压缩城市形象工程和党政机关办公楼等楼堂馆所建设规模，切实保证节能减排、保障民生等工作所需资金投入。要把节能减排指标完成情况纳入各地经济社会发展综合评价体系，作为政府领导干部综合考核评价和企业负责人业绩考核的重要内容，实行"一票否决"制。要加大执法和处罚力度，公开严肃查处一批严重违反国家节能管理和环境保护法律法规的典型案件，依法追究有关人员和领导者的责任，起到警醒教育作用，形成强大声势。省级人民政府每年要向国务院报告节能减排目标责任的履行情况。国务院每年向全国人民代表大会报告节能减排的进展情况，在"十一五"期末报告五年两个指标的总体完成情况。地方各级人民政府每年也要向同级人民代表大会报告节能减排工作，自觉接受监督。

强化企业主体责任。企业必须严格遵守节能和环保法律法规及标准，落实目标责任，强化管理措施，自觉节能减排。对重点用能单位加强经常监督，凡与政府有关部门签订节能减排目标责任书的企业，必须确保完成目标；对没有完成节能减排任务的企业，强制实行能源审计和清洁生产审核。坚持"谁污染、谁治理"，

对未按规定建设和运行污染减排设施的企业和单位，公开通报，限期整改，对恶意排污的行为实行重罚，追究领导和直接责任人员的责任，构成犯罪的依法移送司法机关。同时，要加强机关单位、公民等各类社会主体的责任，促使公民自觉履行节能和环保义务，形成以政府为主导、企业为主体、全社会共同推进的节能减排工作格局。

三、建立强有力的节能减排领导协调机制

为加强对节能减排工作的组织领导，国务院成立节能减排工作领导小组。领导小组的主要任务是，部署节能减排工作，协调解决工作中的重大问题。领导小组办公室设在发展改革委，负责承担领导小组的日常工作，其中有关污染减排方面的工作由环保总局负责。地方各级人民政府也要切实加强对本地区节能减排工作的组织领导。

国务院有关部门要切实履行职责，密切协调配合，尽快制定相关配套政策措施和落实意见。各省级人民政府要立即部署本地区推进节能减排的工作，明确相关部门的责任、分工和进度要求。各地区、各部门和中央企业要在 2007 年 6 月 30 日前，提出本地区、本部门和本企业贯彻落实的具体方案报领导小组办公室汇总后报国务院。领导小组办公室要会同有关部门加强对节能减排工作的指导协调和监督检查，重大情况及时向国务院报告。

节能减排综合性工作方案

一、进一步明确实现节能减排的目标任务和总体要求

1. 主要目标

到 2010 年，万元国内生产总值能耗由 2005 年的 1.22 t 标煤下降到 1 t 标煤以下，降低 20%左右；单位工业增加值用水量降低 30%。"十一五"期间，主要污染物排放总量减少 10%，到 2010 年，二氧化硫排放量由 2005 年的 2 549 万 t 减少到 2 295 万 t，化学需氧量（COD）由 1 414 万 t 减少到 1 273 万 t；全国设市城市污水处理率不低于 70%，工业固体废物综合利用率达到 60%以上。

2. 总体要求

以邓小平理论和"三个代表"重要思想为指导，全面贯彻落实科学发展观，加快建设资源节约型、环境友好型社会，把节能减排作为调整经济结构、转变增长方式的突破口和重要抓手，作为宏观调控的重要目标，综合运用经济、法律和

必要的行政手段，控制增量、调整存量，依靠科技、加大投入，健全法制、完善政策，落实责任、强化监管，加强宣传、提高意识，突出重点、强力推进，动员全社会力量，扎实做好节能降耗和污染减排工作，确保实现节能减排约束性指标，推动经济社会又好又快发展。

二、控制增量，调整和优化结构

1．控制高耗能、高污染行业过快增长

严格控制新建高耗能、高污染项目。严把土地、信贷两个闸门，提高节能环保市场准入门槛。抓紧建立新开工项目管理的部门联动机制和项目审批问责制，严格执行项目开工建设"六项必要条件"（必须符合产业政策和市场准入标准、项目审批核准或备案程序、用地预审、环境影响评价审批、节能评估审查以及信贷、安全和城市规划等规定和要求）。实行新开工项目报告和公开制度。建立高耗能、高污染行业新上项目与地方节能减排指标完成进度挂钩、与淘汰落后产能相结合的机制。落实限制高耗能、高污染产品出口的各项政策。继续运用调整出口退税、加征出口关税、削减出口配额、将部分产品列入加工贸易禁止类目录等措施，控制高耗能、高污染产品出口。加大差别电价实施力度，提高高耗能、高污染产品差别电价标准。组织对高耗能、高污染行业节能减排工作专项检查，清理和纠正各地在电价、地价、税费等方面对高耗能、高污染行业的优惠政策。

2．加快淘汰落后生产能力

加大淘汰电力、钢铁、建材、电解铝、铁合金、电石、焦炭、煤炭、平板玻璃等行业落后产能的力度。"十一五"期间实现节能 1.18 亿 t 标煤，减排二氧化硫240 万 t；今年实现节能 3 150 万 t 标煤，减排二氧化硫 40 万 t。加大造纸、酒精、味精、柠檬酸等行业落后生产能力淘汰力度，"十一五"期间实现减排化学需氧量（COD）138 万 t，今年实现减排 COD 62 万 t（详见附表）。制订淘汰落后产能分地区、分年度的具体工作方案，并认真组织实施。对不按期淘汰的企业，地方各级人民政府要依法予以关停，有关部门依法吊销生产许可证和排污许可证并予以公布，电力供应企业依法停止供电。对没有完成淘汰落后产能任务的地区，严格控制国家安排投资的项目，实行项目"区域限批"。国务院有关部门每年向社会公告淘汰落后产能的企业名单和各地执行情况。建立落后产能退出机制，有条件的地方要安排资金支持淘汰落后产能，中央财政通过增加转移支付，对经济欠发达地区给予适当补助和奖励。

3．完善促进产业结构调整的政策措施

进一步落实促进产业结构调整暂行规定。修订《产业结构调整指导目录》，鼓励发展低能耗、低污染的先进生产能力。根据不同行业情况，适当提高建设项目在土地、环保、节能、技术、安全等方面的准入标准。尽快修订颁布《外商投资产业指导目录》，鼓励外商投资节能环保领域，严格限制高耗能、高污染外资项目，促进外商投资产业结构升级。调整《加工贸易禁止类商品目录》，提高加工贸易准入门槛，促进加工贸易转型升级。

4. 积极推进能源结构调整

大力发展可再生能源，抓紧制订出台可再生能源中长期规划，推进风能、太阳能、地热能、水电、沼气、生物质能利用以及可再生能源与建筑一体化的科研、开发和建设，加强资源调查评价。稳步发展替代能源，制订发展替代能源中长期规划，组织实施生物燃料乙醇及车用乙醇汽油发展专项规划，启动非粮生物燃料乙醇试点项目。实施生物化工、生物质能固体成型燃料等一批具有突破性带动作用的示范项目。抓紧开展生物柴油基础性研究和前期准备工作。推进煤炭直接和间接液化、煤基醇醚和烯烃代油大型台套示范工程和技术储备。大力推进煤炭洗选加工等清洁高效利用。

5. 促进服务业和高技术产业加快发展

落实《国务院关于加快发展服务业的若干意见》，抓紧制定实施配套政策措施，分解落实任务，完善组织协调机制。着力做强高技术产业，落实高技术产业发展"十一五"规划，完善促进高技术产业发展的政策措施。提高服务业和高技术产业在国民经济中的比重和水平。

三、加大投入，全面实施重点工程

1. 加快实施十大重点节能工程

着力抓好十大重点节能工程，"十一五"期间形成 2.4 亿 t 标煤的节能能力。今年形成 5 000 万 t 标煤节能能力，重点是：实施钢铁、有色、石油石化、化工、建材等重点耗能行业余热余压利用、节约和替代石油、电机系统节能、能量系统优化，以及工业锅炉（窑炉）改造项目共 745 个；加快核准建设和改造采暖供热为主的热电联产和工业热电联产机组 1 630 万 kW；组织实施低能耗、绿色建筑示范项目 30 个，推动北方采暖区既有居住建筑供热计量及节能改造 1.5 亿 m²，开展大型公共建筑节能运行管理与改造示范，启动 200 个可再生能源在建筑中规模化应用示范推广项目；推广高效照明产品 5 000 万只，中央国家机关率先更换节能灯。

2. 加快水污染治理工程建设

"十一五"期间新增城市污水日处理能力 4 500 万 t、再生水日利用能力 680 万 t，形成 COD 削减能力 300 万 t；今年设市城市新增污水日处理能力 1 200 万 t，再生水日利用能力 100 万 t，形成 COD 削减能力 60 万 t。加大工业废水治理力度，"十一五"形成 COD 削减能力 140 万 t。加快城市污水处理配套管网建设和改造。严格饮用水水源保护，加大污染防治力度。

　　3．推动燃煤电厂二氧化硫治理

　　"十一五"期间投运脱硫机组 3.55 亿 kW。其中，新建燃煤电厂同步投运脱硫机组 1.88 亿 kW；现有燃煤电厂投运脱硫机组 1.67 亿 kW，形成削减二氧化硫能力 590 万 t。今年现有燃煤电厂投运脱硫设施 3 500 万 kW，形成削减二氧化硫能力 123 万 t。

　　4．多渠道筹措节能减排资金

　　十大重点节能工程所需资金主要靠企业自筹、金融机构贷款和社会资金投入，各级人民政府安排必要的引导资金予以支持。城市污水处理设施和配套管网建设的责任主体是地方政府，在实行城市污水处理费最低收费标准的前提下，国家对重点建设项目给予必要的支持。按照"谁污染、谁治理，谁投资、谁受益"的原则，促使企业承担污染治理责任，各级人民政府对重点流域内的工业废水治理项目给予必要的支持。

四、创新模式，加快发展循环经济

　　1．深化循环经济试点

　　认真总结循环经济第一批试点经验，启动第二批试点，支持一批重点项目建设。深入推进浙江、青岛等地废旧家电回收处理试点。继续推进汽车零部件和机械设备再制造试点。推动重点矿山和矿业城市资源节约和循环利用。组织编制钢铁、有色、煤炭、电力、化工、建材、制糖等重点行业循环经济推进计划。加快制订循环经济评价指标体系。

　　2．实施水资源节约利用

　　加快实施重点行业节水改造及矿井水利用重点项目。"十一五"期间实现重点行业节水 31 亿 m^3，新增海水淡化能力 90 万 m^3/d，新增矿井水利用量 26 亿 m^3；今年实现重点行业节水 10 亿 m^3，新增海水淡化能力 7 万 m^3/d，新增矿井水利用量 5 亿 m^3。在城市强制推广使用节水器具。

　　3．推进资源综合利用

　　落实《"十一五"资源综合利用指导意见》，推进共伴生矿产资源综合开发利用和煤层气、煤矸石、大宗工业废弃物、秸秆等农业废弃物综合利用。"十一五"期间建设煤矸石综合利用电厂 2 000 万 kW，今年开工建设 500 万 kW。推进再生资源回收体系建设试点。加强资源综合利用认定。推动新型墙体材料和利废建材产业化示范。修订发布新型墙体材料目录和专项基金管理办法。推进第二批城市禁止使用实心黏土砖，确保 2008 年底前 256 个城市完成"禁实"目标。

4．促进垃圾资源化利用

县级以上城市（含县城）要建立健全垃圾收集系统，全面推进城市生活垃圾分类体系建设，充分回收垃圾中的废旧资源，鼓励垃圾焚烧发电和供热、填埋气体发电，积极推进城乡垃圾无害化处理，实现垃圾减量化、资源化和无害化。

5．全面推进清洁生产

组织编制《工业清洁生产审核指南编制通则》，制订和发布重点行业清洁生产标准和评价指标体系。加大实施清洁生产审核力度。合理使用农药、肥料，减少农村面源污染。

五、依靠科技，加快技术开发和推广

1．加快节能减排技术研发

在国家重点基础研究发展计划、国家科技支撑计划和国家高技术发展计划等科技专项计划中，安排一批节能减排重大技术项目，攻克一批节能减排关键和共性技术。加快节能减排技术支撑平台建设，组建一批国家工程实验室和国家重点实验室。优化节能减排技术创新与转化的政策环境，加强资源环境高技术领域创新团队和研发基地建设，推动建立以企业为主体、产学研相结合的节能减排技术创新与成果转化体系。

2．加快节能减排技术产业化示范和推广

实施一批节能减排重点行业共性、关键技术及重大技术装备产业化示范项目和循环经济高技术产业化重大专项。落实节能、节水技术政策大纲，在钢铁、有色、煤炭、电力、石油石化、化工、建材、纺织、造纸、建筑等重点行业，推广一批潜力大、应用面广的重大节能减排技术。加强节电、节油农业机械和农产品加工设备及农业节水、节肥、节药技术推广。鼓励企业加大节能减排技术改造和技术创新投入，增强自主创新能力。

3．加快建立节能技术服务体系

制订出台《关于加快发展节能服务产业的指导意见》，促进节能服务产业发展。培育节能服务市场，加快推行合同能源管理，重点支持专业化节能服务公司为企业以及党政机关办公楼、公共设施和学校实施节能改造提供诊断、设计、融资、改造、运行管理一条龙服务。

4．推进环保产业健康发展

制订出台《加快环保产业发展的意见》，积极推进环境服务产业发展，研究提出推进污染治理市场化的政策措施，鼓励排污单位委托专业化公司承担污染治理或设施运营。

5．加强国际交流合作

广泛开展节能减排国际科技合作，与有关国际组织和国家建立节能环保合作机制，积极引进国外先进节能环保技术和管理经验，不断拓宽节能环保国际合作的领域和范围。

六、强化责任，加强节能减排管理

1．建立政府节能减排工作问责制

将节能减排指标完成情况纳入各地经济社会发展综合评价体系，作为政府领导干部综合考核评价和企业负责人业绩考核的重要内容，实行问责制和"一票否决"制。有关部门要抓紧制订具体的评价考核实施办法。

2．建立和完善节能减排指标体系、监测体系和考核体系

对全部耗能单位和污染源进行调查摸底。建立健全涵盖全社会的能源生产、流通、消费、区域间流入流出及利用效率的统计指标体系和调查体系，实施全国和地区单位 GDP 能耗指标季度核算制度。建立并完善年耗能万吨标煤以上企业能耗统计数据网上直报系统。加强能源统计巡查，对能源统计数据进行监测。制订并实施主要污染物排放统计和监测办法，改进统计方法，完善统计和监测制度。建立并完善污染物排放数据网上直报系统和减排措施调度制度，对国家监控重点污染源实施联网在线自动监控，构建污染物排放三级立体监测体系，向社会公告重点监控企业年度污染物排放数据。继续做好单位 GDP 能耗、主要污染物排放量和工业增加值用水量指标公报工作。

3．建立健全项目节能评估审查和环境影响评价制度

加快建立项目节能评估和审查制度，组织编制《固定资产投资项目节能评估和审查指南》，加强对地方开展"能评"，工作的指导和监督。把总量指标作为环评审批的前置性条件。上收部分高耗能、高污染行业环评审批权限。对超过总量指标、重点项目未达到目标责任要求的地区，暂停环评审批新增污染物排放的建设项目。强化环评审批向上级备案制度和向社会公布制度。加强"三同时"管理，严把项目验收关。对建设项目未经验收擅自投运、久拖不验、超期试生产等违法行为，严格依法进行处罚。

4．强化重点企业节能减排管理

"十一五"期间全国千家重点耗能企业实现节能 1 亿 t 标煤，今年实现节能 2 000 万 t 标煤。加强对重点企业节能减排工作的检查和指导，进一步落实目标责

任，完善节能减排计量和统计，组织开展节能减排设备检测，编制节能减排规划。重点耗能企业建立能源管理师制度。实行重点耗能企业能源审计和能源利用状况报告及公告制度，对未完成节能目标责任任务的企业，强制实行能源审计。今年要启动重点企业与国际国内同行业能耗先进水平对标活动，推动企业加大结构调整和技术改造力度，提高节能管理水平。中央企业全面推进创建资源节约型企业活动，推广典型经验和做法。

5．加强节能环保发电调度和电力需求侧管理

制定并尽快实施有利于节能减排的发电调度办法，优先安排清洁、高效机组和资源综合利用发电，限制能耗高、污染重的低效机组发电。今年上半年启动试点，取得成效后向全国推广，力争节能 2 000 万 t 标煤，"十一五"期间形成 6 000 万 t 标煤的节能能力。研究推行发电权交易，逐年削减小火电机组发电上网小时数，实行按边际成本上网竞价。抓紧制定电力需求侧管理办法，规范有序用电，开展能效电厂试点，研究制定配套政策，建立长效机制。

6．严格建筑节能管理

大力推广节能省地环保型建筑。强化新建建筑执行能耗限额标准全过程监督管理，实施建筑能效专项测评，对达不到标准的建筑，不得办理开工和竣工验收备案手续，不准销售使用；从 2008 年起，所有新建商品房销售时在买卖合同等文件中要载明耗能量、节能措施等信息。建立并完善大型公共建筑节能运行监管体系。深化供热体制改革，实行供热计量收费。今年着力抓好新建建筑施工阶段执行能耗限额标准的监管工作，北方地区地级以上城市完成采暖费补贴"暗补"变"明补"改革，在 25 个示范省市建立大型公共建筑能耗统计、能源审计、能效公示、能耗定额制度，实现节能 1 250 万 t 标煤。

7．强化交通运输节能减排管理

优先发展城市公共交通，加快城市快速公交和轨道交通建设。控制高耗油、高污染机动车发展，严格执行乘用车、轻型商用车燃料消耗量限值标准，建立汽车产品燃料消耗量申报和公示制度；严格实施国家第三阶段机动车污染物排放标准和船舶污染物排放标准，有条件的地方要适当提高排放标准，继续实行财政补贴政策，加快老旧汽车报废更新。公布实施新能源汽车生产准入管理规则，推进替代能源汽车产业化。运用先进科技手段提高运输组织管理水平，促进各种运输方式的协调和有效衔接。

8．加大实施能效标识和节能节水产品认证管理力度

加快实施强制性能效标识制度，扩大能效标识应用范围，今年发布《实行能效标识产品目录（第三批）》。加强对能效标识的监督管理，强化社会监督、举报

和投诉处理机制，开展专项市场监督检查和抽查，严厉查处违法违规行为。推动节能、节水和环境标志产品认证，规范认证行为，扩展认证范围，在家用电器、照明等产品领域建立有效的国际协调互认制度。

9．加强节能环保管理能力建设

建立健全节能监管监察体制，整合现有资源，加快建立地方各级节能监察中心，抓紧组建国家节能中心。建立健全国家监察、地方监管、单位负责的污染减排监管体制。积极研究完善环保管理体制机制问题。加快各级环境监测和监察机构标准化、信息化体系建设。扩大国家重点监控污染企业实行环境监督员制度试点。加强节能监察、节能技术服务中心及环境监测站、环保监察机构、城市排水监测站的条件建设，适时更新监测设备和仪器，开展人员培训。加强节能减排统计能力建设，充实统计力量，适当加大投入。充分发挥行业协会、学会在节能减排工作中的作用。

七、健全法制，加大监督检查执法力度

1．健全法律法规

加快完善节能减排法律法规体系，提高处罚标准，切实解决"违法成本低、守法成本高"的问题。积极推动节约能源法、循环经济法、水污染防治法、大气污染防治法等法律的制定及修订工作。加快民用建筑节能、废旧家用电器回收处理管理、固定资产投资项目节能评估和审查管理、环保设施运营监督管理、排污许可、畜禽养殖污染防治、城市排水和污水管理、电网调度管理等方面行政法规的制定及修订工作。抓紧完成节能监察管理、重点用能单位节能管理、节约用电管理、二氧化硫排污交易管理等方面行政规章的制定及修订工作。积极开展节约用水、废旧轮胎回收利用、包装物回收利用和汽车零部件再制造等方面立法准备工作。

2．完善节能和环保标准

研究制订高耗能产品能耗限额强制性国家标准，各地区抓紧研究制订本地区主要耗能产品和大型公共建筑能耗限额标准。今年要组织制订粗钢、水泥、烧碱、火电、铝等22项高耗能产品能耗限额强制性国家标准（包括高耗电产品电耗限额标准）以及轻型商用车等5项交通工具燃料消耗量限值标准，制（修）订36项节水、节材、废弃产品回收与再利用等标准。组织制（修）订电力变压器、静电复印机、变频空调、商用冰柜、家用电冰箱等终端用能产品（设备）能效标准。制订重点耗能企业节能标准体系编制通则，指导和规范企业节能工作。

3．加强烟气脱硫设施运行监管

燃煤电厂必须安装在线自动监控装置，建立脱硫设施运行台账，加强设施日常运行监管。2007 年底前，所有燃煤脱硫机组要与省级电网公司完成在线自动监控系统联网。对未按规定和要求运行脱硫设施的电厂要扣减脱硫电价，加大执法监管和处罚力度，并向社会公布。完善烟气脱硫技术规范，开展烟气脱硫工程后评估。组织开展烟气脱硫特许经营试点。

4. 强化城市污水处理厂和垃圾处理设施运行管理和监督

实行城市污水处理厂运行评估制度，将评估结果作为核拨污水处理费的重要依据。对列入国家重点环境监控的城市污水处理厂的运行情况及污染物排放信息实行向环保、建设和水行政主管部门季报制度，限期安装在线自动监控系统，并与环保和建设部门联网。对未按规定和要求运行污水处理厂和垃圾处理设施的城市公开通报，限期整改。对城市污水处理设施建设严重滞后、不落实收费政策、污水处理厂建成后一年内实际处理水量达不到设计能力 60% 的，以及已建成污水处理设施但无故不运行的地区，暂缓审批该地区项目环评，暂缓下达有关项目的国家建设资金。

5. 严格节能减排执法监督检查

国务院有关部门和地方人民政府每年都要组织开展节能减排专项检查和监察行动，严肃查处各类违法违规行为。加强对重点耗能企业和污染源的日常监督检查，对违反节能环保法律法规的单位公开曝光，依法查处，对重点案件挂牌督办。强化上市公司节能环保核查工作。开设节能环保违法行为和事件举报电话和网站，充分发挥社会公众监督作用。建立节能环保执法责任追究制度，对行政不作为、执法不力、徇私枉法、权钱交易等行为，依法追究有关主管部门和执法机构负责人的责任。

八、完善政策，形成激励和约束机制

1. 积极稳妥推进资源性产品价格改革

理顺煤炭价格成本构成机制。推进成品油、天然气价格改革。完善电力峰谷分时电价办法，降低小火电价格，实施有利于烟气脱硫的电价政策。鼓励可再生能源发电以及利用余热余压、煤矸石和城市垃圾发电，实行相应的电价政策。合理调整各类用水价格，加快推行阶梯式水价、超计划超定额用水加价制度，对国家产业政策明确的限制类、淘汰类高耗水企业实施惩罚性水价，制定支持再生水、海水淡化水、微咸水、矿井水、雨水开发利用的价格政策，加大水资源费征收力度。按照补偿治理成本原则，提高排污单位排污费征收标准，将二氧化硫排污费由目前的每公斤 0.63 元分三年提高到每公斤 1.26 元；各地根据实际情况提高 COD 排污费标准，国务院有关部门批准后实施。加强排污费征收管理，杜绝"协议收费"和"定额收费"。全面开征城市污水处理费并提高收费标准，吨水平均收费标准原则上不低于 0.8 元。提高垃圾处理收费标准，改进征收方式。

2．完善促进节能减排的财政政策

各级人民政府在财政预算中安排一定资金，采用补助、奖励等方式，支持节能减排重点工程、高效节能产品和节能新机制推广、节能管理能力建设及污染减排监管体系建设等。进一步加大财政基本建设投资向节能环保项目的倾斜力度。健全矿产资源有偿使用制度，改进和完善资源开发生态补偿机制。开展跨流域生态补偿试点工作。继续加强和改进新型墙体材料专项基金和散装水泥专项资金征收管理。研究建立高能耗农业机械和渔船更新报废经济补偿制度。

3．制定和完善鼓励节能减排的税收政策

抓紧制定节能、节水、资源综合利用和环保产品（设备、技术）目录及相应税收优惠政策。实行节能环保项目减免企业所得税及节能环保专用设备投资抵免企业所得税政策。对节能减排设备投资给予增值税进项税抵扣。完善对废旧物资、资源综合利用产品增值税优惠政策；对企业综合利用资源，生产符合国家产业政策规定的产品取得的收入，在计征企业所得税时实行减计收入的政策。实施鼓励节能环保型车船、节能省地环保型建筑和既有建筑节能改造的税收优惠政策。抓紧出台资源税改革方案，改进计征方式，提高税负水平。适时出台燃油税。研究开征环境税。研究促进新能源发展的税收政策。实行鼓励先进节能环保技术设备进口的税收优惠政策。

4．加强节能环保领域金融服务

鼓励和引导金融机构加大对循环经济、环境保护及节能减排技术改造项目的信贷支持，优先为符合条件的节能减排项目、循环经济项目提供直接融资服务。研究建立环境污染责任保险制度。在国际金融组织和外国政府优惠贷款安排中进一步突出对节能减排项目的支持。环保部门与金融部门建立环境信息通报制度，将企业环境违法信息纳入人民银行企业征信系统。

九、加强宣传，提高全民节约意识

1．将节能减排宣传纳入重大主题宣传活动

每年制订节能减排宣传方案，主要新闻媒体在重要版面、重要时段进行系列报道，刊播节能减排公益性广告，广泛宣传节能减排的重要性、紧迫性以及国家采取的政策措施，宣传节能减排取得的阶段性成效，大力弘扬"节约光荣，浪费可耻"的社会风尚，提高全社会的节约环保意识。加强对外宣传，让国际社会了解中国在节能降耗、污染减排和应对全球气候变化等方面采取的重大举措及取得的成效，营造良好的国际舆论氛围。

2．广泛深入持久开展节能减排宣传

组织好每年一度的全国节能宣传周、全国城市节水宣传周及世界环境日、地球日、水日宣传活动。组织企事业单位、机关、学校、社区等开展经常性的节能环保宣传，广泛开展节能环保科普宣传活动，把节约资源和保护环境观念渗透在各级各类学校的教育教学中，从小培养儿童的节约和环保意识。选择若干节能先进企业、机关、商厦、社区等，作为节能宣传教育基地，面向全社会开放。

3．表彰奖励一批节能减排先进单位和个人

各级人民政府对在节能降耗和污染减排工作中做出突出贡献的单位和个人予以表彰和奖励。组织媒体宣传节能先进典型，揭露和曝光浪费能源资源、严重污染环境的反面典型。

十、政府带头，发挥节能表率作用

1．政府机构率先垂范

建设崇尚节约、厉行节约、合理消费的机关文化。建立科学的政府机构节能目标责任和评价考核制度，制订并实施政府机构能耗定额标准，积极推进能源计量和监测，实施能耗公布制度，实行节奖超罚。教育、科学、文化、卫生、体育等系统，制订和实施适应本系统特点的节约能源资源工作方案。

2．抓好政府机构办公设施和设备节能

各级政府机构分期分批完成政府办公楼空调系统低成本改造；开展办公区和住宅区供热节能技术改造和供热计量改造；全面开展食堂燃气灶具改造，"十一五"时期实现食堂节气 20%；凡新建或改造的办公建筑必须采用节能材料及围护结构；及时淘汰高耗能设备，合理配置并高效利用办公设施、设备。在中央国家机关开展政府机构办公区和住宅区节能改造示范项目。推动公务车节油，推广实行一车一卡定点加油制度。

3．加强政府机构节能和绿色采购

认真落实《节能产品政府采购实施意见》和《环境标志产品政府采购实施意见》，进一步完善政府采购节能和环境标志产品清单制度，不断扩大节能和环境标志产品政府采购范围。对空调机、计算机、打印机、显示器、复印机等办公设备和照明产品、用水器具，由同等优先采购改为强制采购高效节能、节水、环境标志产品。建立节能和环境标志产品政府采购评审体系和监督制度，保证节能和绿色采购工作落到实处。

附:"十一五"时期淘汰落后生产能力一览表

行业	内容	单位	"十一五"时期	2007 年
电力	实施"上大压小"关停小火电机组	万 kW	5 000	1 000
炼铁	300 m³ 以下高炉	万 t	10 000	3 000
炼钢	年产 20 万 t 及以下的小转炉、小电炉	万 t	5 500	3 500
电解铝	小型预焙槽	万 t	65	10
铁合金	6 300 kV·A 以下矿热炉	万 t	400	120
电石	6 300 kV·A 以下炉型电石产能	万 t	200	50
焦炭	炭化室高度 4.3 m 以下的小机焦	万 t	8 000	1 000
水泥	等量替代机立窑水泥熟料	万 t	25 000	5 000
玻璃	落后平板玻璃	万重量箱	3 000	600
造纸	年产 3.4 万 t 以下草浆生产装置、年产 1.7 万 t 以下化学制浆生产线、排放不达标的年产 1 万 t 以下以废纸为原料的纸厂	万 t	650	230
酒精	落后酒精生产工艺及年产 3 万 t 以下企业(废糖蜜制酒精除外)	万 t	160	40
味精	年产 3 万 t 以下味精生产企业	万 t	20	5
柠檬酸	环保不达标柠檬酸生产企业	万 t	8	2

附录 4-5   国务院关于进一步加强淘汰落后产能工作的通知

国务院关于进一步加强淘汰落后产能工作的通知

国发[2010]7 号

各省、自治区、直辖市人民政府，国务院各部委、各直属机构：

为深入贯彻落实科学发展观，加快转变经济发展方式，促进产业结构调整和优化升级，推进节能减排，现就进一步加强淘汰落后产能工作通知如下：

一、深刻认识淘汰落后产能的重要意义

加快淘汰落后产能是转变经济发展方式、调整经济结构、提高经济增长质量和效益的重大举措，是加快节能减排、积极应对全球气候变化的迫切需要，是走中国特色新型工业化道路、实现工业由大变强的必然要求。近年来，随着加快产能过剩行业结构调整、抑制重复建设、促进节能减排政策措施的实施，淘汰落后产能工作在部分领域取得了明显成效。但是，由于长期积累的结构性矛盾比较突出，落后产能退出的政策措施不够完善，激励和约束作用不够强，部分地区对淘汰落后产能工作认识存在偏差、责任不够落实，当前我国一些行业落后产能比重大的问题仍然比较严重，已经成为提高工业整体水平、落实应对气候变化举措、完成节能减排任务、实现经济社会可持续发展的严重制约。必须充分发挥市场的作用，采取更加有力的措施，综合运用法律、经济、技术及必要的行政手段，进一步建立健全淘汰落后产能的长效机制,确保按期实现淘汰落后产能的各项目标。各地区、各部门要切实把淘汰落后产能作为全面贯彻落实科学发展观，应对国际金融危机影响，保持经济平稳较快发展的一项重要任务，进一步增强责任感和紧迫感，充分调动一切积极因素，抓住关键环节，突破重点难点，加快淘汰落后产能，大力推进产业结构调整和优化升级。

二、总体要求和目标任务

（一）总体要求

1. 发挥市场作用

充分发挥市场配置资源的基础性作用,调整和理顺资源性产品价格形成机制,强化税收杠杆调节，努力营造有利于落后产能退出的市场环境。

2．坚持依法行政

充分发挥法律法规的约束作用和技术标准的门槛作用，严格执行环境保护、节约能源、清洁生产、安全生产、产品质量、职业健康等方面的法律法规和技术标准，依法淘汰落后产能。

3．落实目标责任

分解淘汰落后产能的目标任务，明确国务院有关部门、地方各级人民政府和企业的责任，加强指导、督促和检查，确保工作落到实处。

4．优化政策环境

强化政策约束和政策激励，统筹淘汰落后产能与产业升级、经济发展、社会稳定的关系，建立健全促进落后产能退出的政策体系。

5．加强协调配合

建立主管部门牵头，相关部门各负其责、密切配合、联合行动的工作机制，加强组织领导和协调配合，形成工作合力。

（二）目标任务

以电力、煤炭、钢铁、水泥、有色金属、焦炭、造纸、制革、印染等行业为重点，按照《国务院关于发布实施〈促进产业结构调整暂行规定〉的决定》（国发[2005]40 号）、《国务院关于印发节能减排综合性工作方案的通知》（国发[2007]15 号）、《国务院批转发展改革委等部门关于抑制部分行业产能过剩和重复建设引导产业健康发展若干意见的通知》（国发[2009]38 号）、《产业结构调整指导目录》以及国务院制订的钢铁、有色金属、轻工、纺织等产业调整和振兴规划等文件规定的淘汰落后产能的范围和要求，按期淘汰落后产能。各地区可根据当地产业发展实际，制定范围更宽、标准更高的淘汰落后产能目标任务。

近期重点行业淘汰落后产能的具体目标任务是：

电力行业：2010 年底前淘汰小火电机组 5 000 万 kW 以上。

煤炭行业：2010 年底前关闭不具备安全生产条件、不符合产业政策、浪费资源、污染环境的小煤矿 8 000 处，淘汰产能 2 亿 t。

焦炭行业：2010 年底前淘汰炭化室高度 4.3 m 以下的小机焦（3.2 m 及以上捣固焦炉除外）。

铁合金行业：2010 年底前淘汰 6 300 kV·A 以下矿热炉。

电石行业：2010 年底前淘汰 6 300 kV·A 以下矿热炉。

钢铁行业：2011 年底前，淘汰 400 m³ 及以下炼铁高炉，淘汰 30 t 及以下炼钢转炉、电炉。

有色金属行业：2011 年底前，淘汰 100 kA 及以下电解铝小预焙槽；淘汰密闭鼓风炉、电炉、反射炉炼铜工艺及设备；淘汰采用烧结锅、烧结盘、简易高炉等落后方式炼铅工艺及设备，淘汰未配套建设制酸及尾气吸收系统的烧结机炼铅工艺；淘汰采用马弗炉、马槽炉、横罐、小竖罐（单日单罐产量 8 t 以下）等进行焙烧、采用简易冷凝设施进行收尘等落后方式炼锌或生产氧化锌制品的生产工艺及设备。

建材行业：2012 年底前，淘汰窑径 3.0 m 以下水泥机械化立窑生产线、窑径 2.5 m 以下水泥干法中空窑（生产高铝水泥的除外）、水泥湿法窑生产线（主要用于处理污泥、电石渣等的除外）、直径 3.0 m 以下的水泥磨机（生产特种水泥的除外）以及水泥土（蛋）窑、普通立窑等落后水泥产能；淘汰平拉工艺平板玻璃生产线（含格法）等落后平板玻璃产能。

轻工业：2011 年底前，淘汰年产 3.4 万 t 以下草浆生产装置、年产 1.7 万 t 以下化学制浆生产线，淘汰以废纸为原料、年产 1 万 t 以下的造纸生产线；淘汰落后酒精生产工艺及年产 3 万 t 以下的酒精生产企业（废糖蜜制酒精除外）；淘汰年产 3 万 t 以下味精生产装置；淘汰环保不达标的柠檬酸生产装置；淘汰年加工 3 万标张以下的制革生产线。

纺织行业：2011 年底前，淘汰 74 型染整生产线、使用年限超过 15 年的前处理设备、浴比大于 1：10 的间歇式染色设备，淘汰落后型号的印花机、热熔染色机、热风布铗拉幅机、定形机，淘汰高能耗、高水耗的落后生产工艺设备；淘汰 R531 型酸性老式黏胶纺丝机、年产 2 万 t 以下黏胶生产线、湿法及 DMF 溶剂法氨纶生产工艺、DMF 溶剂法腈纶生产工艺、涤纶长丝锭轴长 900 mm 以下的半自动卷绕设备、间歇法聚酯设备等落后化纤产能。

三、分解落实目标责任

（一）工业和信息化部、能源局要根据当前和今后一个时期经济发展形势以及国务院确定的淘汰落后产能阶段性目标任务，结合产业升级要求及各地区实际，商有关部门提出分行业的淘汰落后产能年度目标任务和实施方案，并将年度目标任务分解落实到各省、自治区、直辖市。各有关部门要充分发挥职能作用，抓紧制定限制落后产能企业生产、激励落后产能退出、促进落后产能改造等方面的配套政策措施，指导和督促各地区认真贯彻执行。

（二）各省、自治区、直辖市人民政府要根据工业和信息化部、能源局下达的淘汰落后产能目标任务，认真制定实施方案，将目标任务分解到市、县，落实到具体企业，及时将计划淘汰落后产能企业名单报工业和信息化部、能源局。要切实担负起本行政区域内淘汰落后产能工作的职责，严格执行相关法律、法规和各项政策措施，组织督促企业按要求淘汰落后产能、拆除落后设施装置，防止落后产能转移；对未按要求淘汰落后产能的企业，要依据有关法律法规责令停产或予以关闭。

（三）企业要切实承担起淘汰落后产能的主体责任，严格遵守安全、环保、节能、质量等法律法规，认真贯彻国家产业政策，积极履行社会责任，主动淘汰落后产能。

（四）各相关行业协会要充分发挥政府和企业间的桥梁和纽带作用，认真宣传贯彻国家方针政策，加强行业自律，维护市场秩序，协助有关部门做好淘汰落后产能工作。

四、强化政策约束机制

1．严格市场准入

强化安全、环保、能耗、物耗、质量、土地等指标的约束作用，尽快修订《产业结构调整指导目录》，制定和完善相关行业准入条件和落后产能界定标准，提高准入门槛，鼓励发展低消耗、低污染的先进产能。加强投资项目审核管理，尽快修订《政府核准的投资项目目录》，对产能过剩行业坚持新增产能与淘汰产能"等量置换"或"减量置换"的原则，严格环评、土地和安全生产审批，遏制低水平重复建设，防止新增落后产能。改善土地利用计划调控，严禁向落后产能和产能严重过剩行业建设项目提供土地。支持优势企业通过兼并、收购、重组落后产能企业，淘汰落后产能。

2．强化经济和法律手段

充分发挥差别电价、资源性产品价格改革等价格机制在淘汰落后产能中的作用，落实和完善资源及环境保护税费制度，强化税收对节能减排的调控功能。加强环境保护监督性监测、减排核查和执法检查，加强对企业执行产品质量标准、能耗限额标准和安全生产规定的监督检查，提高落后产能企业和项目使用能源、资源、环境、土地的成本。采取综合性调控措施，抑制高消耗、高排放产品的市场需求。

3．加大执法处罚力度

对未按期完成淘汰落后产能任务的地区，严格控制国家安排的投资项目，实行项目"区域限批"，暂停对该地区项目的环评、核准和审批。对未按规定期限淘汰落后产能的企业吊销排污许可证，银行业金融机构不得提供任何形式的新增授信支持，投资管理部门不予审批和核准新的投资项目，国土资源管理部门不予批准新增用地，相关管理部门不予办理生产许可，已颁发生产许可证、安全生产许可证的要依法撤回。对未按规定淘汰落后产能、被地方政府责令关闭或撤销的企业，限期办理工商注销登记，或者依法吊销工商营业执照。必要时，政府相关部门可要求电力供应企业依法对落后产能企业停止供电。

五、完善政策激励机制

1．加强财政资金引导

中央财政利用现有资金渠道，统筹支持各地区开展淘汰落后产能工作。资金安排使用与各地区淘汰落后产能任务相衔接，重点支持解决淘汰落后产能有关职工安置、企业转产等问题。对经济欠发达地区淘汰落后产能工作，通过增加转移支付加大支持和奖励力度。各地区也要积极安排资金，支持企业淘汰落后产能。在资金申报、安排、使用中，要充分发挥工业、能源等行业主管部门的作用，加强协调配合，确保资金安排对淘汰落后产能产生实效。

2．做好职工安置工作

妥善处理淘汰落后产能与职工就业的关系，认真落实和完善企业职工安置政策，依照相关法律法规和规定妥善安置职工，做好职工社会保险关系转移与接续工作，避免大规模集中失业，防止发生群体性事件。

3．支持企业升级改造

充分发挥科技对产业升级的支撑作用，统筹安排技术改造资金，落实并完善相关税收优惠和金融支持政策，支持符合国家产业政策和规划布局的企业，运用高新技术和先进适用技术，以质量品种、节能降耗、环境保护、改善装备、安全生产等为重点，对落后产能进行改造。提高生产、技术、安全、能耗、环保、质量等国家标准和行业标准水平，做好标准间的衔接，加强标准贯彻，引导企业技术升级。对淘汰落后产能任务较重且完成较好的地区和企业，在安排技术改造资金、节能减排资金、投资项目核准备案、土地开发利用、融资支持等方面给予倾斜。对积极淘汰落后产能企业的土地开发利用，在符合国家土地管理政策的前提下，优先予以支持。

六、健全监督检查机制

1．加强舆论和社会监督

各地区每年向社会公告本地区年度淘汰落后产能的企业名单、落后工艺设备和淘汰时限。工业和信息化部、能源局每年向社会公告淘汰落后产能企业名单、落后工艺设备、淘汰时限及总体进展情况。加强各地区、各行业淘汰落后产能工作交流，总结推广、广泛宣传淘汰落后产能工作先进地区和先进企业的有效做法，营造有利于淘汰落后产能的舆论氛围。

2．加强监督检查

各省、自治区、直辖市人民政府有关部门要及时了解、掌握淘汰落后产能工作进展和职工安置情况，并定期向国家有关部门报告。工业和信息化部、发展改革委、财政部、能源局要组织有关部门定期对各地区淘汰落后产能工作情况进行监督检查，切实加强对重点地区淘汰落后产能工作的指导，并将进展情况报告国务院。

3．实行问责制

将淘汰落后产能目标完成情况纳入地方政府绩效考核体系，参照《国务院批转节能减排统计监测及考核实施方案和办法的通知》（国发[2007]36号）对淘汰落后产能任务完成情况进行考核，提高淘汰落后产能任务完成情况的考核比重。对未按要求完成淘汰落后产能任务的地区进行通报，限期整改。对瞒报、谎报淘汰落后产能进展情况或整改不到位的地区，要依法依纪追究该地区有关责任人员的责任。

七、切实加强组织领导

建立淘汰落后产能工作组织协调机制，加强对淘汰落后产能工作的领导。成立由工业和信息化部牵头，发展改革委、监察部、财政部、人力资源和社会保障部、国土资源部、环境保护部、农业部、商务部、人民银行、国资委、税务总局、工商总局、质检总局、安全监管总局、银监会、电监会、能源局等部门参加的淘汰落后产能工作部际协调小组，统筹协调淘汰落后产能工作，研究解决淘汰落后产能工作中的重大问题，根据"十二五"规划研究提出下一步淘汰落后产能目标并做好任务分解和组织落实工作。有关部门要认真履行职责，积极贯彻落实各项政策措施，加强沟通配合，共同做好淘汰落后产能的各项工作。地方各级人民政府要健全领导机制，明确职责分工，做到责任到位、措施到位、监管到位，确保淘汰落后产能工作取得明显成效。

附件：淘汰落后产能重点工作分工表

国务院

二〇一〇年二月六日

附录 4-6　国务院关于进一步加大工作力度确保实现"十一五"节能减排目标的通知

国务院关于进一步加大工作力度确保实现"十一五"节能减排目标的通知

国发[2010]12 号

各省、自治区、直辖市人民政府，国务院各部委、各直属机构：

2006 年以来，各地区、各部门认真贯彻落实科学发展观，把节能减排作为调整经济结构、转变发展方式的重要抓手，加大资金投入，强化责任考核，完善政策机制，加强综合协调，节能减排工作取得重要进展。全国单位国内生产总值能耗累计下降 14.38%，化学需氧量排放总量下降 9.66%，二氧化硫排放总量下降 13.14%。但要实现"十一五"单位国内生产总值能耗降低 20%左右的目标，任务还相当艰巨。为进一步加大工作力度，确保实现"十一五"节能减排目标，现就有关事项通知如下：

一、增强做好节能减排工作的紧迫感和责任感

"十一五"节能减排指标是具有法律约束力的指标，是政府向全国人民作出的庄严承诺，是衡量落实科学发展观、加快调整产业结构、转变发展方式成效的重要标志，事关经济社会可持续发展，事关人民群众切身利益，事关我国的国际形象。当前，节能减排形势十分严峻，特别是 2009 年第三季度以来，高耗能、高排放行业快速增长，一些被淘汰的落后产能死灰复燃，能源需求大幅增加，能耗强度、二氧化硫排放量下降速度放缓甚至由降转升，化学需氧量排放总量下降趋势明显减缓。为应对全球气候变化，我国政府承诺到 2020 年单位国内生产总值二氧化碳排放要比 2005 年下降 40%～45%，节能提高能效的贡献率要达到 85%以上，这也给节能减排工作带来巨大挑战。各地区、各部门要充分认识加强节能减排工作的重要性和紧迫性，切实增强使命感和责任感，下更大决心，花更大气力，果断采取强有力、见效快的政策措施，打好节能减排攻坚战，确保实现"十一五"节能减排目标。

二、强化节能减排目标责任

组织开展对省级政府 2009 年节能减排目标完成情况和措施落实情况及"十一

五"目标完成进度的评价考核，考核结果向社会公告，落实奖惩措施，加大问责力度。及时发布 2009 年全国和各地区单位国内生产总值能耗、主要污染物排放量指标公报，以及 2010 年上半年全国单位国内生产总值能耗、主要污染物排放量指标公报。各地区要按照节能减排目标责任制的要求，一级抓一级，层层抓落实，组织开展本地区节能减排目标责任评价考核工作，对未完成目标的地区进行责任追究。到"十一五"末，要对节能减排目标完成情况算总账，实行严格的问责制，对未完成任务的地区、企业集团和行政不作为的部门，都要追究主要领导责任，根据情节给予相应处分。各地区"十二五"节能目标任务的确定要以 2005 年为基数。各省级政府要在 5 月底前，将本地区 2010 年节能减排目标和实施方案报国务院。

三、加大淘汰落后产能力度

2010 年关停小火电机组 1 000 万 kW，淘汰落后炼铁产能 2 500 万 t、炼钢 600 万 t、水泥 5 000 万 t、电解铝 33 万 t、平板玻璃 600 万重箱、造纸 53 万 t。各省级政府要抓紧制定本地区今年淘汰落后产能任务，将任务分解到市、县和有关企业，并于 5 月 20 日前报国务院有关部门。有关部门要在 5 月底前下达各地区淘汰落后产能任务，公布淘汰落后产能企业名单，确保落后产能在第三季度前全部关停。加强淘汰落后产能核查，对未按期完成淘汰落后产能任务的地区，严格控制国家安排的投资项目，实行项目"区域限批"，暂停对该地区项目的环评、供地、核准和审批。对未按规定期限淘汰落后产能的企业，依法吊销排污许可证、生产许可证、安全生产许可证，投资管理部门不予审批和核准新的投资项目，国土资源管理部门不予批准新增用地，有关部门依法停止落后产能生产的供电供水。

四、严控高耗能、高排放行业过快增长

严格控制"两高"和产能过剩行业新上项目。各级投资主管部门要进一步加强项目审核管理，今年内不再审批、核准、备案"两高"和产能过剩行业扩大产能项目。未通过环评、节能审查和土地预审的项目，一律不准开工建设。对违规在建项目，有关部门要责令停止建设，金融机构一律不得发放贷款。对违规建成的项目，要责令停止生产，金融机构一律不得发放流动资金贷款，有关部门要停止供电供水。落实限制"两高"产品出口的各项政策，控制"两高"产品出口。

五、加快实施节能减排重点工程

安排中央预算内投资 333 亿元、中央财政资金 500 亿元，重点支持十大重点

节能工程建设、循环经济发展、淘汰落后产能、城镇污水垃圾处理、重点流域水污染治理，以及节能环保能力建设等，形成年节能能力 8 000 万 t 标煤，新增城镇污水日处理能力 1 500 万 t、垃圾日处理能力 6 万 t。各地区要将节能减排指标落实到具体项目，节能减排专项资金要向能直接形成节能减排能力的项目倾斜，尽早下达资金，尽快形成节能减排能力。有关部门要在 6 月中旬前出台加快推行合同能源管理，促进节能服务产业发展的相关配套政策，对节能服务公司为企业实施节能改造给予支持。

六、切实加强用能管理

要加强对各地区综合能源消费量、高耗能行业用电量、高耗能产品产量等情况的跟踪监测，对能源消费和高耗能产业增长过快的地区，合理控制能源供应，切实改变敞开口子供应能源、无节制使用能源的现象。大力推进节能发电调度，加强电力需求侧管理，制定和实施有序用电方案，在保证合理用电需求的同时，要压缩高耗能、高排放企业用电。对能源消耗超过已有国家和地方单位产品能耗（电耗）限额标准的，实行惩罚性价格政策，具体由省级政府有关部门提出意见。省级节能主管部门组织各级节能监察机构于今年 6 月底前对重点用能单位上一年度和今年上半年主要产品能源消耗情况进行专项能源监察审计，提出超能耗（电耗）限额标准的企业和产品名单，实行惩罚性电价，对超过限额标准一倍以上的，比照淘汰类电价加价标准执行。加强城市照明管理，严格控制公用设施和大型建筑物装饰性景观照明能耗。

七、强化重点耗能单位节能管理

突出抓好千家企业节能行动，公告考核结果，强化目标责任，加强用能管理，提高用能水平，确保形成 2 000 万 t 标煤的年节能能力。省级节能主管部门要加强对年耗能 5 000 t 标煤以上重点用能单位的节能监管，落实能源利用状况报告制度，推进能效水平对标活动，开展节能管理师和能源管理体系试点。已经完成"十一五"节能任务的用能单位，要继续狠抓节能不放松，为完成本地区节能任务多作贡献；尚未完成任务的用能单位，要采取有力措施，确保完成"十一五"节能任务。中央和地方国有企业都要发挥表率作用，加大节能投入，加强管理，对完不成节能减排目标和存在严重浪费能源资源的，在经营业绩考核中实行降级降分处理，并与企业负责人绩效薪酬紧密挂钩。

八、推动重点领域节能减排

加强电力、钢铁、有色、石油石化、化工、建材等重点行业节能减排管理，加大用先进适用技术改造传统产业的力度。加强新建建筑节能监管，到 2010 年底，全国城镇新建建筑执行节能强制性标准的比例达到 95%以上，完成北方采暖地区居住建筑供热计量及节能改造 5 000 万 m²，确保完成"十一五"期间 1.5 亿 m²的改造任务。夏季空调温度设置不低于 26℃。加强车辆用油定额考核，严格执行车辆燃料消耗量限值标准，对客车实载率低于 70%的线路不得投放新的运力。推行公路甩挂运输，加快铁路电气化建设和运输装备改造升级，优化民航航路航线。开展节约型公共机构示范单位建设活动，2010 年公共机构能源消耗指标要在去年基础上降低 5%。加强流通服务业节能减排工作。加大汽车、家电以旧换新力度。抓好"三河三湖"、松花江等重点流域水污染治理。做好重金属污染治理工作。抓好农村环境综合整治。支持军队加快实施节能减排技术改造。

九、大力推广节能技术和产品

发布国家重点节能技术推广目录（第三批）。继续实施"节能产品惠民工程"，在加大高效节能空调推广的基础上，全面推广节能汽车、节能电机等产品，继续做好新能源汽车示范推广，5 月底前有关部门要出台具体的实施细则。推广节能灯 1.5 亿只以上，东中部地区和有条件的西部地区城市道路照明、公共场所、公共机构全部淘汰低效照明产品。扩大能效标识实施范围，发布第七批能效标识产品目录。落实政府优先和强制采购节能产品制度，完善节能产品政府采购清单动态管理。

十、完善节能减排经济政策

深化能源价格改革，调整天然气价格，推行居民用电阶梯价格，落实煤层气、天然气发电上网电价和脱硫电价政策，出台鼓励余热余压发电上网和价格政策。对电解铝、铁合金、钢铁、电石、烧碱、水泥、黄磷、锌冶炼等高耗能行业中属于产业结构调整指导目录限制类、淘汰类范围的，严格执行差别电价政策。各地可在国家规定基础上，按照规定程序加大差别电价实施力度，大幅提高差别电价加价标准。加大污水处理费征收力度，改革垃圾处理费收费方式。积极落实国家支持节能减排的所得税、增值税等优惠政策，适时推进资源税改革。尽快出台排污权有偿使用和交易指导意见。深化生态补偿试点，完善生态补偿机制。开展环境污染责任保险。金融机构要加大对节能减排项目的信贷支持。

十一、加快完善法规标准

尽快出台固定资产投资项目节能评估和审查管理办法，抓紧完成城镇排水与污水处理条例的审查修改，做好大气污染防治法（修订）、节约用水条例、生态补偿条例的研究起草工作。研究制定重点用能单位节能管理办法、能源计量监督管理办法、节能产品认证管理办法、主要污染物排放许可证管理办法等。完善单位产品能耗限额标准、用能产品能效标准、建筑能耗标准等。

十二、加大监督检查力度

在今年第三季度，国务院组成工作组，对部分地区贯彻落实本通知精神情况进行检查。各级政府要组织开展节能减排专项督察，严肃查处违规乱上"两高"项目、淘汰落后产能进展滞后、减排设施不正常运行及严重污染环境等问题，彻底清理对高耗能企业和产能过剩行业电价优惠政策，发现一起，查处一起，对重点案件要挂牌督办，对有关责任人要严肃追究责任。要组织节能监察机构对重点用能单位开展拉网式排查，严肃查处使用国家明令淘汰的用能设备或生产工艺、单位产品能耗超限额标准用能等问题，情节严重的，依法责令停业整顿或者关闭。开展酒店、商场、办公楼等公共场所空调温度以及城市景观过度照明检查。继续深入开展整治违法排污企业保障群众健康环保专项行动。发挥职工监督作用，加强职工节能减排义务监督员队伍建设。

十三、深入开展节能减排全民行动

加强能源资源和生态环境国情宣传教育，进一步增强全民资源忧患意识、节约意识和环保意识。组织开展好 2010 年全国节能宣传周、世界环境日等活动。在企业、机关、学校、社区、军营等开展广泛深入的"节能减排全民行动"，普及节能环保知识和方法，推介节能新技术、新产品，倡导绿色消费、适度消费理念，加快形成有利于节约资源和保护环境的消费模式。新闻媒体要加大节能减排宣传力度，在重要栏目、重要时段、重要版面跟踪报道各地区落实本通知要求采取的行动，宣传先进经验，曝光反面典型，充分发挥舆论宣传和监督作用。

十四、实施节能减排预警调控

要做好节能减排形势分析和预警预测。各地区要在 6 月底前制定相关预警调控方案，在第三季度组织开展"十一五"节能减排目标完成情况预考核；对完成目标有困难的地区，要及时启动预警调控方案。

各地区、各部门要把节能减排放在更加突出的位置，切实加强组织领导。地方各级人民政府对本行政区域节能减排负总责，政府主要领导是第一责任人。发展改革委要加强节能减排综合协调，指导推动节能降耗工作，环境保护部要做好减排的协调推动工作，统计局要加强能源监测和统计。有关部门在各自的职责范围内做好节能减排工作，加强对各地区贯彻落实本通知精神的督促检查，确保实现"十一五"节能减排目标。

国务院

二〇一〇年五月四日

参考文献

[1]　冯志合，卢涛. 中国柠檬酸行业概况[J]. 中国食品添加剂，2011（3）.

[2]　《中华人民共和国清洁生产促进法》（2012 年 2 月 29 日十一届全国人大常委会第 25 次会议通过，7 月 1 日颁布实施）.

[3]　《清洁生产审核暂行办法》. 国家发改委、国家环保总局令 16 号. 2004 年 8 月 16 日.

[4]　国家环保总局. 企业清洁生产审计手册[M]. 北京：中国环境科学出版社，1996.

[5]　《国务院关于发布实施〈促进产业结构调整暂行规定〉的决定》（国发[2005]40 号）.

[6]　《国务院关于印发节能减排综合性工作方案的通知》（国发[2007]15 号）.

[7]　《产业结构调整指导目录（2011 年本）》（发展改革委令 2011 年第 9 号）.

[8]　《国务院关于印发节能减排综合性工作方案的通知》（国发[2007]15 号）.

[9]　国务院《轻工业调整和振兴规划》（2009-05-18）.

[10]　《国务院关于进一步加强淘汰落后产能工作的通知》（国发[2010]7 号）.

[11]　《国务院关于进一步加大工作力度确保实现"十一五"节能减排目标的通知》（国发[2010]12 号）.

[12]　《关于促进玉米深加工业健康发展的指导意见》（发改工业[2007]2245 号）.

[13]　《中国节水技术政策大纲》（国家发改委公告 2005 年第 17 号）.

[14]　《禁止未达到排污标准的企业生产、出口柠檬酸产品》公告（2002 年第 92 号）.

[15]　《国家重点行业清洁生产技术导向目录》（第三批）（国家发改委公告 2006 年第 86 号）.

[16]　《发酵行业清洁生产评价指标体系》（国家发改委公告 2007 年第 41 号）.

[17]　《发酵行业清洁生产技术推行方案》（工信部.2010.2.22）.

[18]　《轻工业技术进步与技术改造投资方向（2009—2011）》（国家发改委.2009.5.18）.

[19]　关于 2007 年度全国重点企业清洁生产审核情况的通报（环函[2008]387 号）.

[20]　关于 2008 年度全国重点企业清洁生产审核情况的通报（环函[2009]315 号）.

[21]　关于 2009 年度全国重点企业清洁生产审核及评估验收情况的通报（环函[2010]369 号）.

[22]　关于 2010 年度全国重点企业清洁生产审核及评估验收情况的通报（环函[2011]314 号）.